PEPTIDOS
PARA
PRINCIPIANTES

Optimice su salud con protocolos de peptide seguros para el crecimiento muscular, la pérdida de grasa, la longevidad, la inmunidad y el rendimiento cerebral

Earl Fischer

DESCARGO DE RESPONSABILIDAD

El contenido proporcionado en este libro está destinado únicamente a fines informativos y educativos. No pretende sustituir el asesoramiento, diagnóstico o tratamiento médico profesional. El autor y el editor no pretenden ofrecer asesoramiento médico, legal o profesional, y se recomienda a los lectores que consulten con un proveedor de atención médica calificado antes de tomar cualquier decisión o emprender acciones basadas en la información contenida en este libro.

Si bien se han hecho todos los esfuerzos posibles para garantizar la exactitud y confiabilidad del contenido, el autor y el editor no ofrecen garantías sobre la integridad, la actualización o los posibles errores del material. La información presentada se basa en investigaciones y experiencias personales, pero no está revisada ni respaldada por autoridades médicas como la FDA o cualquier agencia/autoridad médica equivalente.

El uso de cualquier péptido, protocolo o recomendación discutido en este libro debe realizarse a discreción y riesgo del lector. Se recomienda encarecidamente que las personas consulten a un profesional de la salud, especialmente aquellas que están embarazadas, amamantando, tomando medicamentos o manejando condiciones de salud crónicas. Los resultados pueden variar y la información proporcionada no debe considerarse como una garantía o prescripción.

Las opiniones expresadas en este libro son únicamente las del autor y pueden no reflejar los puntos de vista de ninguna organización o institución. El autor y el editor renuncian a cualquier responsabilidad por cualquier pérdida, lesión o daño incurrido como resultado de la aplicación de la información proporcionada en este documento.

Al leer este libro, usted reconoce y acepta que el autor y el editor no son responsables de los resultados resultantes de la aplicación de este material.

La reproducción, distribución o transmisión no autorizada de este contenido, en cualquier forma, está prohibida sin el consentimiento previo por escrito del autor.

Tabla de contenido

INTRODUCCIÓN 10

CAPITULO 1. INTRODUCCIÓN A LOS PEPTIDOS 11

    1.1 ¿Qué son los péptidos? 11

    1.2 Historia y evolución de los péptidos en medicina..11

    1.3 Diferencia entre péptidos y proteínas 11

    1.4 Péptidos naturales versus sintéticos 12

    1.5 Técnicas de síntesis de péptidos 13

CAPÍTULO 2. LA CIENCIA DETRÁS DE LOS PÉPTIDOS 14

    2.1 Estructura y función de los péptidos 14

    2.2 Cómo actúan los péptidos en el cuerpo 14

    2.3 Tipos de péptidos 14

        2.3.1 Oligopéptidos 14

        2.3.2 Polipéptidos 15

        2.3.3 Péptidos cíclicos 15

    2.4 Receptores y vías de péptidos clave 15

    2.5 El papel de los aminoácidos en la funcionalidad peptídica 15

CAPÍTULO 3. CÓMO EMPEZAR A USAR LOS PÉPTIDOS 16

    3.1 Elegir el péptido adecuado para sus necesidades 16

    3.2 Cómo comprar péptidos de forma segura 16

    3.3 Cómo administrar péptidos 17

        3.3.1 Inyecciones 17

        3.3.1.1 Guía paso a paso para reconstituir CJC-1295 para inyección.................................17

        3.3.2 Cápsulas orales 18

        3.3.3 Aerosoles nasales 19

    3.4 Pautas de dosificación y péptidos cíclicos 19

    3.5 Desafíos comunes y cómo superarlos..19

    3.6 Errores comunes que se deben evitar al iniciar con péptidos 21

CAPÍTULO 4. SEGURIDAD Y NORMATIVA 22

    4.1 Seguridad de los péptidos: comprensión de los efectos secundarios y los riesgos................22

    4.2 Consideraciones legales y regulatorias en el uso de péptidos 23

    4.3 Péptidos y FDA: estado actual de aprobación 23

CAPITULO 5. PEPTIDOS TERAPEUTICOS Y USOS 25

    5.1 Péptidos para perder grasa...25

- Ipamorelin 25
- AOD-9604 25
- Semaglutide 26
- Tirzepatide 27
- Tesofensine 27
- Tesamorelin 28
- MOTS-C 29
- 5-Amino 1MQ 29

5.2 Péptidos para el crecimiento y rendimiento muscular 30
- Sermorelin 30
- BPC-157 31
- TB-500 32
- IGF-1 LR3 33
- DSIP 34
- GHRP-2 35
- GHRP-6 35
- Hexarelin 36
- PEG-MGF 37
- MK-677 38
- Ipamorelin 39
- CJC-1295 39

5.3 Péptidos para la salud cerebral y el rendimiento cognitivo 40
- Semax 40
- Selank 41
- Dihexa 42
- Cerebrolysin 43
- Orexin A 44
- PE-22-28 45
- FGL 45

5.4 Péptidos para la longevidad y el antienvejecimiento 46
- Epitalon 46
- Thymalin 47
- GHK-Cu 48
- Humanin 49

    TB-4/TB-500 50

  5.5 Péptidos para la salud sexual 51

    PT-141 51

    Kisspeptin 52

    Melanotan II 53

  5.6 Péptidos para la inmunidad 54

    Thymosin Alpha-1 54

    LL-37 55

    VIP 56

    KPV 57

    ARA-290 58

    SS-31 58

  5.7 Péptidos para dormir 59

    DSIP 59

    Epitalon 60

    Thymosin Beta-4 61

  5.8 Péptidos para la piel, el cabello y la estética 61

    GHK-Cu 61

    Argireline 62

    PTD-DBM 63

    BPC-157 63

    Melanotano I y II 64

  5.9 Péptidos para mujeres 65

    Kisspeptin 65

    Péptidos para la menopausia 66

    PT-141 66

  5.10 Péptidos para hombres 67

    Gonadorelin 67

    Kisspeptin 68

    PT-141 68

CAPITULO 6. PILAS Y COMBINACIONES DE PEPTIDOS 70

  6.1 Pilas/combinaciones de péptidos para perder grasa 70

    Ipamorelin + CJC-1295 70

    Ipamorelin + CJC-1295 + AOD-9604 70

Semaglutide + MOTS-C + Tesamorelin ... 71
Tirzepatide + Tesofensine + 5-Amino 1MQ ... 72
Tesamorelin + CJC-1295 + MK-677 ... 72
AOD-9604 + Ipamorelin + Tirzepatide ... 73

6.2 Pilas/combinaciones de péptidos para el crecimiento muscular ... 73
CJC-1295 + Ipamorelin + IGF-1 LR3 ... 73
CJC-1295 + Ipamorelin + BPC-157 ... 74
CJC-1295 + GHRP-2 + BPC-157 ... 74
CJC-1295 + GHRP-6 + BPC-157 ... 75
MK-677 + GHRP-6 + PEG-MGF ... 75
TB-500 + BPC-157 + CJC-1295 ... 76
IGF-1 DES + Folistatina-344 + GHRP-2 ... 76
Hexarelin + Ipamorelin + IGF-1 LR3 ... 77
Hexarelin + TB-500 + PEG-MGF ... 77

6.3 Pilas/combinaciones de salud cerebral y rendimiento cognitivo ... 78
Semax + Selank + Cerebrolysin ... 78
Semax + Selank + Dihexa ... 79
Dihexa + Selank + FGL ... 79
Cerebrolysin + Semax + Epitalon ... 80
Epitalon + Selank + Dihexa ... 80
Semax + CJC-1295 + GHRP-2 ... 81
Dihexa + Orexin A + FGL ... 81
Semax + PE-22-28 + Orexin A ... 82

6.4 Pilas/combinaciones de péptidos para la longevidad y el antienvejecimiento ... 82
Epithalon + Thymalin + GHK-Cu ... 82
Epitalon + BPC-157 + TB-500 ... 83
Epitalon + Humanina + GHK-Cu ... 84
MOTS-C + Humanina + SS-31 (Elamipretida) ... 84
Epitalon + CJC-1295 + GHRP-2 ... 85
GHK-Cu + BPC-157 + TB-500 ... 86
Thymalin + Epitalon + GHRP-6 ... 86

6.5 Pilas/combinaciones de péptidos para la salud sexual ... 87
PT-141 + Kisspeptin + Melanotan II ... 87
PT-141 + CJC-1295 + Ipamorelin ... 87

    Gonadorelin + PT-141 + MK-677 88

    Kisspeptin + CJC-1295 + Ipamorelin 88

    PT-141 + Melanotan II + CJC-1295 89

  6.6 Pilas/combinaciones de péptidos para la inmunidad 90

    Thymosin Alpha-1 + LL-37 + VIP 90

    Thymosin Alpha-1 + BPC-157 + SS-31 90

    VIP+LL-37+SS-31 91

    Thymosin Alpha-1 + KPV + ARA-290 91

    Thymosin Alpha-1 + LL-37 + BPC-157 92

  6.7 Pilas/combinaciones de péptidos para la piel, el cabello y la estética 92

    GHK-Cu + BPC-157 + Epitalon 92

    GHK-Cu + PTD-DBM + Argireline 93

    GHK-Cu + CJC-1295 + Ipamorelin 94

    BPC-157 + GHRP-2 + GHK-Cu 94

  6.8 Consideraciones clave para combinaciones/apilamiento de péptidos 95

CAPITULO 7. PEPTIDOS Y ESTILO DE VIDA 96

7.1 Nutrición, Ejercicio y Recuperación 96

  7.1.1 Nutrición 96

  7.1.2 Ejercicio 96

  7.1.3 Recuperación 97

7.2 Manejando sus expectativas 97

  7.2.1 Beneficios a corto plazo (entre días y semanas) 97

  7.2.2 Beneficios a largo plazo (en meses) 97

  7.2.3 Equilibrio de expectativas 98

CAPÍTULO 8. CONCLUSIÓN 99

8.1 Recursos para mayor aprendizaje e investigación 99

Referencias 101

INTRODUCCIÓN

Los péptidos se están volviendo rápidamente populares en el campo de la medicina regenerativa debido a su capacidad para promover la curación y reparación de tejidos a nivel celular. A diferencia de muchos tratamientos tradicionales, que tienden a enmascarar los síntomas, los péptidos actúan abordando las causas fundamentales del daño o la degeneración, lo que permite que el cuerpo se cure a sí mismo de manera más efectiva.

Los péptidos, que se encuentran naturalmente en el cuerpo Humanin y también se sintetizan para fines específicos, se utilizan para estimular la migración celular, promover la recuperación y la regeneración de tejidos. Estos péptidos regenerativos han ganado popularidad entre los atletas y entusiastas del fitness porque ayudan a acelerar la recuperación de lesiones deportivas y entrenamientos intensos.

Sin embargo, sus beneficios van más allá de los deportistas, ya que también se utilizan en el tratamiento de afecciones como el dolor crónico, la artritis, los desequilibrios hormonales, la disfunción eréctil y las enfermedades inflamatorias. Con más investigación, es probable que los péptidos se vuelvan aún más integrales en el desarrollo de tratamientos para la degeneración relacionada con la edad, permitiendo a las personas recuperarse de las lesiones más rápido y experimentar menos desgaste a medida que envejecen. Las enfermedades crónicas como la diabetes, las enfermedades cardíacas y las afecciones neurodegenerativas son algunos de los problemas de salud más apremiantes en todo el mundo. Los péptidos ofrecen nuevas posibilidades en el tratamiento y manejo de estas afecciones. Los péptidos también desempeñan un papel importante a la hora de ralentizar los efectos e incluso revertir ciertos aspectos del envejecimiento celular.

Este libro sirve como una guía para principiantes para comprender los péptidos, sus usos y cómo pueden beneficiar su salud. Si bien los péptidos pueden parecer complejos, sus aplicaciones son sencillas y fáciles de incorporar a la vida cotidiana. Aprenderá qué son los péptidos, cómo funcionan en el cuerpo y cómo se aplican en la atención médica moderna. Cada péptido tiene propiedades únicas y la elección correcta depende de sus necesidades y objetivos de salud individuales.

La seguridad es un tema clave a lo largo de este libro. Si bien los péptidos generalmente se consideran seguros cuando se usan correctamente, deben manipularse y administrarse con cuidado. Este libro incluye consejos prácticos sobre cómo obtener y preparar péptidos, administrarlos y controlar sus efectos. También proporciona información sobre posibles riesgos y efectos secundarios, lo que le ayuda a tomar decisiones informadas.

CAPITULO 1. INTRODUCCIÓN A LOS PEPTIDOS

1.1 ¿Qué son los péptidos?

Los péptidos son cadenas cortas de aminoácidos. Piensa en ellos como pequeños bloques de construcción que forman las proteínas de tu cuerpo. Mientras que las proteínas son cadenas largas y complejas de estos aminoácidos, los péptidos son mucho más pequeños y simples. Suelen constar de entre 2 y 50 aminoácidos unidos entre sí en una secuencia específica.

Su cuerpo produce naturalmente muchos péptidos diferentes y desempeñan funciones esenciales en diversos procesos biológicos. Los péptidos pueden actuar como señales entre las células, ayudando a regular actividades como la curación, el crecimiento y el metabolismo. También pueden servir como hormonas, transportando información entre órganos y tejidos.

En los últimos años, los péptidos han ganado mucha atención en las comunidades de medicina, fitness y bienestar. Esto se debe a que los científicos han encontrado formas de crear péptidos sintéticos que pueden imitar los péptidos naturales del cuerpo. Estas versiones sintéticas se pueden utilizar para tratar diversas afecciones de salud, mejorar el rendimiento físico o incluso ralentizar los efectos del envejecimiento.

1.2 Historia y evolución de los péptidos en medicina

El uso de péptidos en medicina no es un concepto nuevo. De hecho, los péptidos se han estudiado y utilizado durante casi un siglo. El primer péptido médico conocido fue la insulina, que se descubrió a principios de la década de 1920. La insulina, una hormona peptídica, revolucionó el tratamiento de la diabetes y permitió a millones de personas en todo el mundo controlar sus niveles de azúcar en sangre de forma eficaz.

Desde entonces, los investigadores han desarrollado una amplia gama de péptidos terapéuticos. En los primeros años, la mayor parte de la atención se centró en los péptidos naturales, pero a medida que avanzó la tecnología, los científicos comenzaron a crear versiones sintéticas. Estos péptidos sintéticos a menudo funcionan de manera más eficiente o se dirigen a funciones específicas dentro del cuerpo. Por ejemplo, los péptidos sintéticos como BPC-157 o TB-500 son populares en el mundo del deporte y la rehabilitación por su capacidad para acelerar la curación.

En el siglo XXI, los péptidos han pasado de ser una terapia de nicho a algo que se está volviendo más común. Con más de 800 fármacos peptídicos actualmente en desarrollo y muchos de ellos ya disponibles en el mercado, se espera que los péptidos desempeñen un papel importante en el futuro de la atención sanitaria.

1.3 Diferencia entre péptidos y proteínas

Tanto los péptidos como las proteínas están formados por aminoácidos, pero la principal diferencia entre ellos es su tamaño. Los péptidos son más cortos, normalmente están formados por hasta 50 aminoácidos, mientras que las proteínas son mucho más grandes y pueden contener miles de aminoácidos.

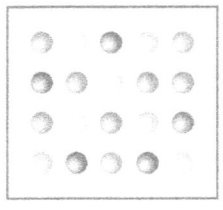 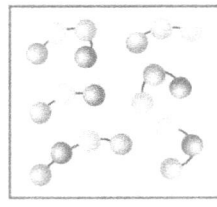 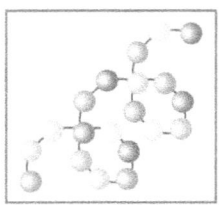

Amino acids Peptides Protein

Otra diferencia clave es cómo funcionan. Si bien los péptidos a menudo actúan como moléculas u hormonas de señalización, las proteínas tienden a desempeñar funciones más estructurales en el cuerpo. Por ejemplo, el colágeno, que da fuerza a la piel y a los tejidos, es una proteína. Por otro lado, la insulina, que ayuda a regular los niveles de azúcar en sangre, es una hormona peptídica.

Además, los péptidos tienden a ser más versátiles en aplicaciones médicas. Son más pequeños y más fáciles de manipular en los laboratorios, lo que los hace más fáciles de estudiar y utilizar en tratamientos. Es por eso que existe un interés cada vez mayor en el desarrollo de terapias basadas en péptidos para todo, desde la pérdida de peso hasta la mejora cognitiva.

1.4 Péptidos naturales versus sintéticos

Los péptidos se pueden encontrar de forma natural en el cuerpo o se pueden producir en un laboratorio. Los péptidos naturales son producidos por las células y ayudan a regular una variedad de funciones, como reparar tejidos dañados, regular hormonas y controlar el metabolismo.

Péptidos Naturales

Estos son los péptidos que tu cuerpo produce por sí solo. Cada día, tus células producen miles de péptidos diferentes que mantienen tu cuerpo funcionando sin problemas. Algunos ejemplos incluyen:

- **Insulina:** Regula los niveles de azúcar en sangre.
- **Oxitocina:** Desempeña un papel en el parto y en el vínculo entre las personas.
- **Glucagón:** Ayuda a elevar los niveles de azúcar en sangre cuando están demasiado bajos.

Péptidos sintéticos

Los científicos crean péptidos sintéticos en el laboratorio. Estos péptidos están diseñados para imitar los péptidos naturales de su cuerpo o mejorarlos de alguna manera. Por ejemplo, los péptidos sintéticos como CJC-1295 e Ipamorelin se utilizan para estimular la producción corporal de la hormona del crecimiento, lo que ayuda a las personas a desarrollar músculos, recuperarse más rápido e incluso ralentizar el envejecimiento.

Debido a que los péptidos sintéticos se elaboran en un ambiente controlado, los investigadores pueden modificarlos para usos específicos. Esto abre muchas posibilidades para tratar diferentes problemas de salud o mejorar el rendimiento de una manera que los péptidos naturales tal vez no puedan lograr por sí solos.

1.5 Técnicas de síntesis de péptidos

Para producir péptidos en el laboratorio, los científicos utilizan un proceso llamado **síntesis de péptidos**. Hay dos métodos principales utilizados para crear péptidos sintéticos: **síntesis de péptidos en fase sólida (SPPS)** y **síntesis de péptidos en fase líquida (LPPS)**.

- **Síntesis de péptidos en fase sólida (SPPS):** Esta es la técnica más común para crear péptidos. En SPPS, la cadena peptídica se construye un aminoácido a la vez mientras está adherida a una superficie sólida. Se prefiere este método porque es eficiente y permite a los científicos crear péptidos de diversas longitudes y complejidades.

- **Síntesis de péptidos en fase líquida (LPPS):** LPPS se usa con menos frecuencia pero puede ser mejor para producir péptidos más largos y complicados. El proceso ocurre en una solución en lugar de sobre una superficie sólida. Lleva más tiempo, pero en ciertos casos produce mejores resultados.

Ambos métodos implican unir aminoácidos en una secuencia específica para crear el péptido deseado. Una vez que el péptido está completo, se purifica y se prueba para garantizar que funcione como se espera.

CAPÍTULO 2. LA CIENCIA DETRÁS DE LOS PÉPTIDOS

Esta no es una clase de ciencias; sin embargo, intentaré explicar la ciencia detrás de estos péptidos siempre poderosos. Es fascinante saber cómo funcionan los péptidos en nuestro cuerpo.

2.1 Estructura y función de los péptidos

2.1.1 Estructura

Los péptidos están compuestos por aminoácidos unidos entre sí en una secuencia específica, formando cadenas cortas. Estas cadenas se pliegan en formas tridimensionales que determinan su función en el cuerpo. La secuencia de aminoácidos dicta cómo interactúa el péptido con otras moléculas y receptores. Van desde unos pocos aminoácidos (como dipéptidos o tripéptidos) hasta alrededor de 50 aminoácidos. La disposición y el plegamiento específicos de estos aminoácidos le dan a cada péptido sus propiedades y funciones únicas.

2.1.2 Funcionalidad

- **Señalización:** Los péptidos actúan como mensajeros entre las células, transmitiendo señales que regulan procesos biológicos como el crecimiento, el metabolismo y la respuesta inmune.
- **Hormonas:** Muchos péptidos funcionan como hormonas, controlando actividades como la regulación de la insulina (importante para el control del azúcar en sangre) y la liberación de la hormona del crecimiento (crucial para el crecimiento y la reparación muscular).
- **Enzimas:** Algunos péptidos actúan como enzimas, acelerando reacciones químicas en el cuerpo que son necesarias para la digestión, el metabolismo y otros procesos vitales.

2.2 Cómo actúan los péptidos en el cuerpo

Los péptidos ejercen sus efectos uniéndose a receptores específicos en la superficie celular o en el interior de las células. Esta unión desencadena una cascada de reacciones bioquímicas que regulan diversos procesos biológicos. Por ejemplo:

- **Comunicación celular:** Los péptidos pueden transmitir mensajes entre las células, indicándoles que realicen acciones específicas como liberar hormonas o activar respuestas inmunitarias.
- **Activación de receptores:** Al unirse a receptores, los péptidos pueden iniciar o inhibir respuestas fisiológicas como la contracción muscular, la inflamación o la liberación de neurotransmisores.
- **Actividad enzimática:** Los péptidos pueden actuar como catalizadores, aumentando la velocidad de las reacciones químicas que descomponen las moléculas o construyen otras nuevas esenciales para la función celular.

2.3 Tipos de péptidos

2.3.1 Oligopéptidos

Se trata de cadenas cortas de aminoácidos, que normalmente constan de 2 a 20 aminoácidos. Los oligopéptidos incluyen dipéptidos (2 aminoácidos) y tripéptidos (3 aminoácidos) y, a menudo, actúan como moléculas de señalización o precursores de péptidos y proteínas más grandes.

2.3.2 Polipéptidos

Los polipéptidos son cadenas más largas de aminoácidos, con una longitud de entre 20 y 50 aminoácidos. Son más complejos que los oligopéptidos y pueden tener diversas funciones, incluida la regulación hormonal, la actividad enzimática y el soporte estructural de los tejidos.

2.3.3 Péptidos cíclicos

Los péptidos cíclicos tienen una estructura única donde la cadena de aminoácidos forma un circuito cerrado. Esta estructura cíclica mejora su estabilidad y resistencia a la degradación, lo que los hace valiosos en el desarrollo de fármacos y aplicaciones terapéuticas.

2.4 Receptores y vías de péptidos clave

Los péptidos ejercen sus efectos uniéndose a receptores específicos en la superficie celular o en el interior de las células. Estos receptores son proteínas que reconocen y responden a la presencia de péptidos, iniciando procesos celulares o cascadas de señalización.

Receptores acoplados a proteína G (GPCR):

Muchos péptidos se unen a los GPCR, una gran familia de receptores implicados en diversas funciones fisiológicas como la neurotransmisión, la regulación hormonal y la percepción sensorial. Los GPCR desempeñan un papel importante en la mediación de los efectos de los péptidos sobre las actividades celulares.

Receptores de tirosina quinasa:

Algunos péptidos interactúan con los receptores de tirosina quinasa, que participan en el crecimiento, la diferenciación y el metabolismo celular. La unión de péptidos a estos receptores puede activar vías de señalización que regulan procesos celulares como el crecimiento y la reparación.

2.5 El papel de los aminoácidos en la funcionalidad peptídica

Los aminoácidos son los componentes básicos de los péptidos y las proteínas, y su secuencia determina la estructura y función de los péptidos. Diferentes aminoácidos aportan propiedades únicas a los péptidos, influyendo en su estabilidad, afinidad de unión y actividad biológica.

Aminoácidos esenciales versus no esenciales:

Básico Los aminoácidos no pueden ser sintetizados por el cuerpo y deben obtenerse a través de la dieta. Desempeñan papeles críticos en la estructura y función de los péptidos. **No esencial** El cuerpo puede sintetizar aminoácidos y también contribuir a la estabilidad y función de los péptidos.

CAPÍTULO 3. CÓMO EMPEZAR A USAR LOS PÉPTIDOS

3.1 Elegir el péptido adecuado para sus necesidades

Al considerar la terapia con péptidos, el primer paso es identificar los objetivos o problemas de salud específicos que desea abordar. Dado que los péptidos se dirigen a una amplia gama de funciones que van desde la pérdida de grasa y el crecimiento muscular hasta la mejora cognitiva y la salud sexual. Es importante adaptar el péptido adecuado a sus necesidades. Elegir el péptido incorrecto podría no producir los resultados deseados o incluso provocar efectos secundarios no deseados.

Para empezar, piense en los resultados particulares que busca. Por ejemplo:

- **Para el crecimiento y recuperación muscular:** Péptidos como **Ipamorelin** o **IGF-1 LR3** son buenas opciones, ya que estimulan la producción de la hormona del crecimiento y apoyan la reparación de los tejidos.
- **Para perder grasa: AOD-9604** o **Semaglutide** puede ayudar mejorando el metabolismo de las grasas y suprimiendo el apetito.
- **Para rejuvenecimiento de la piel: GHK-Cu** es excelente para mejorar la elasticidad de la piel, reducir las arrugas y acelerar la cicatrización de heridas.
- **Para mejora cognitiva: Semax** o **Dihexa** podrían ser sus mejores opciones, ya que apoyan la memoria, la concentración y la salud cerebral en general.

También es importante considerar cualquier condición de salud subyacente o medicamentos que esté tomando, ya que algunos péptidos pueden interactuar con otros tratamientos o afectar condiciones específicas. Consultar con un profesional de la salud que tenga experiencia con la terapia con péptidos puede resultar invaluable. Pueden ayudarlo a determinar qué péptido funcionará mejor para sus necesidades individuales y guiarlo a través del proceso de inicio de su régimen de péptidos.

3.2 Cómo comprar péptidos de forma segura

Comprar péptidos puede resultar complicado ya que el mercado en gran medida no está regulado y hay muchas empresas que ofrecen productos de diferente calidad. Para asegurarse de comprar péptidos seguros y eficaces, es importante investigar y elegir un proveedor de confianza. Aquí hay algunos factores clave a considerar:

- **Pureza:** El aspecto más importante a la hora de adquirir péptidos es su pureza. Los péptidos de alta pureza son más eficaces y seguros. Busque proveedores que proporcionen certificados de análisis (COA) de laboratorios externos independientes. Estos COA confirmarán la pureza del péptido y garantizarán que el producto esté libre de contaminantes o aditivos nocivos.
- **Reputación y reseñas:** Elija proveedores con una sólida reputación en la industria. Lea las opiniones de los clientes, consulte foros en línea y solicite recomendaciones de fuentes confiables que tengan experiencia con péptidos. Los proveedores confiables suelen tener un historial sólido y ofrecen atención al cliente para responder cualquier pregunta que pueda tener.
- **Etiquetado transparente y listas de ingredientes:** Asegúrese de que el proveedor proporcione un etiquetado claro y preciso en sus productos. Busque información sobre la concentración del péptido, las instrucciones de dosificación y la fecha de vencimiento. Evite productos que no revelen claramente esta información, ya que pueden ser falsificados o de baja calidad.

- **Almacenamiento y envío:** Los péptidos son compuestos delicados que requieren un almacenamiento adecuado para mantener su potencia. La mayoría de los péptidos deben almacenarse en ambientes frescos y oscuros (a menudo refrigerados). Antes de comprar, asegúrese de que el proveedor siga los protocolos de envío adecuados, como el uso de envases aislados o compresas frías para evitar que los péptidos se degraden durante el transporte.
- **Consideraciones legales:** Dependiendo de su país o región, el estatus legal de los péptidos puede variar. Algunos péptidos sólo están disponibles con receta médica, mientras que otros se pueden comprar gratuitamente en línea. Asegúrese de comprender las legalidades de la compra y el uso de péptidos en su área o campo de trabajo para evitar posibles problemas.

3.3 Cómo administrar péptidos

Una vez que haya elegido el péptido correcto y lo haya comprado de una fuente confiable, el siguiente paso es administrarlo correctamente. Los péptidos se pueden administrar de varias formas, según el tipo de péptido y su uso previsto. Los métodos más comunes incluyen inyecciones, cápsulas orales y aerosoles nasales.

3.3.1 Inyecciones

La mayoría de los péptidos se administran mediante inyección subcutánea, lo que significa que el péptido se inyecta justo debajo de la piel. Este método asegura que el péptido ingrese al torrente sanguíneo rápidamente y comience a actuar casi de inmediato. Administrar inyecciones puede parecer intimidante al principio, pero con la técnica adecuada es seguro y relativamente sencillo. He aquí cómo hacerlo:

i. Utilice una jeringa esterilizada y extraiga la dosis recomendada del péptido.
   Nota: Limpie el tapón de goma del vial con un hisopo con alcohol antes de extraer la solución para evitar la contaminación.
ii. Pellizque una pequeña zona de piel, generalmente alrededor del abdomen o el muslo, y límpiela con un hisopo con alcohol.
iii. Inserte la aguja en un ángulo de 45 grados e inyecte lentamente el péptido.
iv. Deseche la jeringa de forma segura en un recipiente para objetos punzantes o agujas.

Las inyecciones son la forma más eficaz de administrar péptidos porque evitan el sistema digestivo, que puede descomponer los péptidos y reducir su eficacia.

3.3.1.1 Guía paso a paso para reconstituir CJC-1295 para inyección

1. Reúna suministros:

- **CJC-1295 Vial**

- **Agua bacteriostática**: Se utiliza para mezclar con el péptido. Esta agua contiene una pequeña cantidad de alcohol bencílico para mantenerla estéril después de abrirla.

- **Jeringa mezcladora de 10 ml**

- **Jeringa de insulina (1 ml)**: Las jeringas de 30 a 100 unidades funcionan mejor para la dosificación.

- **Hisopos con alcohol**: Para limpiar las tapas de los viales y el área de inyección.

2. Prepare el vial CJC-1295 y el agua bacteriostática.

- Toma el **hisopo con alcohol** y limpie el tapón de goma en la parte superior del vial de CJC-1295 para mantenerlo estéril.
- Limpie también el tapón de goma del vial de agua bacteriostática.

3. Introduzca agua bacteriostática en la jeringa

- Usando su jeringa mezcladora de 10 ml, extraiga la cantidad deseada de **agua bacteriostática** en la jeringa. por un **5 mg** vial de CJC-1295, **5 ml de agua bacteriostática** Es una cantidad común de uso para la reconstitución, ya que facilita la medición de las dosis.

Sin embargo, es importante seguir las instrucciones proporcionadas por el fabricante del péptido, ya que pueden tener instrucciones específicas para la reconstitución.

4. Mezclar el Agua Bacteriostática con CJC-1295

- Inserte la jeringa en el **viales CJC-1295** en un ligero ángulo y empuje lentamente el émbolo para liberar el agua bacteriostática. Deje que el agua corra por el costado del vial para evitar el contacto directo con el polvo, lo que puede provocar formación de espuma o dañar el péptido. Saque la jeringa.
- **No agite el vial.** En su lugar, agite o haga rodar suavemente el vial entre sus manos para ayudar a que el polvo se disuelva. El péptido debería mezclarse suavemente con el agua después de unos minutos.

5. Calcule la dosis para inyección

- Después de reconstituir con agua bacteriostática, su solución CJC-1295 contendrá **1000 mcg por 0,1 ml (10 unidades)**.

Entonces, para recibir una dosis de **1000 mcg**, dibujar **10 unidades en la jeringa de insulina.** inyectar 1000 mcg.

6. Extraiga la dosis para inyección

- Limpie el tapón de goma del vial de CJC-1295 reconstituido con un hisopo con alcohol.
- Voltear el **CJC-1295 Vial** boca abajo, luego inserte la jeringa de insulina en el vial y extraiga **10 unidades (0,1 ml)** de la solución mezclada para alcanzar la dosis de 1000 mcg.

7. Inyecte el péptido (inyección subcutánea)

- Utilice un hisopo con alcohol para limpiar el lugar de la inyección, generalmente en el abdomen, a aproximadamente 2 pulgadas del ombligo.
- Pellizque una pequeña sección de piel, inserte la aguja en un ángulo de 45 grados e inyecte lentamente el péptido.

3.3.2 Cápsulas orales

Algunos péptidos están disponibles en forma oral, pero esto es menos común. Los péptidos suelen ser moléculas grandes que los ácidos del estómago descomponen antes de que puedan ser absorbidos en el torrente sanguíneo. Sin embargo, los avances en la formulación de péptidos han permitido que ciertos péptidos se administren por vía oral, como **BPC-157** o **Agonistas de GLP-1** como **Semaglutide**. Estas cápsulas son cómodas y fáciles de usar, pero pueden ser menos efectivas que las inyecciones, ya que es posible que el cuerpo no las absorba de manera eficiente.

3.3.3 Aerosoles nasales

Otro método de administración de péptidos es mediante aerosoles nasales. Péptidos como **Semax** o **Selank** A menudo se administran de esta manera porque la cavidad nasal permite una rápida absorción en el torrente sanguíneo sin inyecciones. Los aerosoles nasales son fáciles de usar y no invasivos, lo que los convierte en una buena opción para las personas que se sienten incómodas con las agujas. Simplemente rocíe la dosis prescrita en una o ambas fosas nasales y el péptido se absorberá a través de los tejidos nasales.

3.4 Pautas de dosificación y péptidos cíclicos

Obtener la dosis correcta es esencial para la eficacia y seguridad de la terapia con péptidos. Una sobredosis puede provocar efectos secundarios no deseados, mientras que una dosis insuficiente puede provocar beneficios mínimos o nulos. Dado que la dosis de péptido varía según el tipo de péptido, sus objetivos de salud y la química de su cuerpo individual, siga las pautas de dosificación recomendadas o consulte con un profesional de la salud.

- **Comience bajo y vaya despacio:** Si es nuevo en el mundo de los péptidos, es una buena idea comenzar con una dosis baja y aumentarla gradualmente. Esto permite que su cuerpo se adapte y reduce el riesgo de efectos secundarios. Por ejemplo, una dosis inicial típica para **Ipamorelin** Puede ser alrededor de 100 a 200 mcg por inyección, administrados 1 o 2 veces al día.

- **Momento:** El momento de la administración del péptido también es importante. Algunos péptidos, como los que se utilizan para la recuperación muscular, es mejor tomarlos después del entrenamiento, mientras que otros, como los péptidos que mejoran el sueño, deben tomarse antes de acostarse. Para péptidos que estimulan la liberación de la hormona del crecimiento, como **CJC-1295** y **Ipamorelin**, a menudo se recomienda tomarlos con el estómago vacío, ya que los alimentos pueden interferir con su eficacia.

- **Péptidos cíclicos:** Para evitar desarrollar tolerancia o desensibilización a los péptidos, es importante ciclarlos. Esto significa usar el péptido durante un período determinado, como de 4 a 8 semanas, seguido de un descanso. El ciclismo no solo evita que su cuerpo se adapte al péptido, sino que también le da tiempo a su sistema para restablecerse y mantener su equilibrio natural. Por ejemplo, con péptidos como **GHK-Cu** o **BPC-157**, puede usarlos constantemente con fines curativos y luego tomar un descanso una vez que se logre el efecto deseado.

   El ciclo es especialmente importante con péptidos que afectan los niveles hormonales, como **péptidos liberadores de hormona del crecimiento**. El uso ininterrumpido y a largo plazo de estos péptidos podría provocar desequilibrios hormonales o resultados disminuidos con el tiempo. Tenga en cuenta la necesidad de ciclar los péptidos y tomar descansos según sea necesario para maximizar sus beneficios y minimizar los riesgos potenciales.

3.5 Desafíos comunes y cómo superarlos

Comenzar y seguir con la terapia con péptidos puede presentar algunos desafíos, especialmente para los principiantes. A continuación se presentan algunos desafíos comunes que los usuarios pueden encontrar y consejos sobre cómo superarlos:

Encontrar la dosis adecuada

Determinar la dosis correcta puede ser complicado, especialmente porque las dosis de péptidos pueden variar según los objetivos individuales, el peso corporal y el tipo de péptido. Tomar demasiado puede provocar efectos secundarios, mientras que tomar muy poco puede no producir los resultados deseados.

Solución: Comience con la dosis eficaz más baja recomendada por su proveedor de atención médica o con las instrucciones de péptidos de este libro. Aumente gradualmente la dosis si es necesario mientras controla la respuesta de su cuerpo. Lleve un registro de cualquier efecto secundario o mejora y consulte con un profesional de la salud si es necesario realizar ajustes.

Miedo o malestar a las inyecciones

Muchos péptidos se administran mediante inyecciones subcutáneas, lo que puede resultar intimidante o incómodo para quienes no están familiarizados con las agujas.

Solución: Infórmese sobre las técnicas de inyección adecuadas o pídale a un profesional de la salud que le haga una demostración. Utilice agujas más pequeñas, aptas para insulina, y aplique una bolsa de hielo para adormecer el área antes de inyectar. Con el tiempo, el proceso se vuelve más rutinario y menos intimidante.

Mercado de péptidos no regulado

La calidad de los péptidos puede variar mucho según el proveedor, especialmente en un mercado no regulado donde algunos productos pueden ser falsificados o contaminados.

Solución: Compre siempre péptidos de fuentes acreditadas que proporcionen pruebas o certificados de análisis (COA) de terceros. Cíñete a proveedores que tengan buena reputación en la comunidad de péptidos y que ofrezcan información clara y transparente sobre sus productos.

Resultados lentos o inconsistentes

Algunos usuarios pueden sentirse frustrados si no ven resultados inmediatos. Si bien los péptidos pueden ofrecer beneficios importantes, los efectos pueden tardar varias semanas o incluso meses en notarse.

Solución: La paciencia es clave. Los péptidos actúan de forma gradual, especialmente aquellos que tienen como objetivo la pérdida de grasa, el crecimiento muscular o los efectos antienvejecimiento. Siga su régimen, realice un seguimiento del progreso y ajústelo. Si los resultados parecen estancados, consulte con un profesional de la salud para analizar la modificación de su dosis o combinación.

Costo de la terapia con péptidos

Asunto: Los péptidos pueden ser costosos, especialmente cuando se usan varios péptidos en una pila o durante períodos prolongados. Para algunos usuarios, el costo puede resultar prohibitivo.

Solución: Priorice los péptidos que más se alineen con sus objetivos. Si el costo es una preocupación, considere usar menos péptidos pero ciclarlos de manera más estratégica para lograr resultados. Además, esté atento a los proveedores acreditados que ofrecen descuentos por compras al por mayor o programas de fidelización.

Manejo de los efectos secundarios

Si bien los péptidos generalmente se toleran bien, algunas personas pueden experimentar efectos secundarios leves como dolores de cabeza, náuseas o hinchazón en el lugar de la inyección.

Solución: Para minimizar los efectos secundarios, comience con una dosis baja y aumente gradualmente. Asegúrese de seguir las técnicas de inyección adecuadas y rotar los lugares de inyección para evitar la irritación. Si los efectos secundarios persisten, consulte a un proveedor de atención médica para evaluar si es necesario ajustar la dosis o suspender temporalmente el péptido.

3.6 Errores comunes que se deben evitar al iniciar con péptidos

Iniciar la terapia con péptidos puede ser emocionante, pero existen algunos errores comunes que los principiantes suelen cometer y que pueden afectar la eficacia del tratamiento o provocar efectos secundarios innecesarios. Aquí hay algunos errores que se deben evitar:

- **Dosis incorrecta:** Uno de los errores más frecuentes es tomar demasiado o muy poco péptido. Siga siempre las recomendaciones de dosificación de su proveedor de atención médica o las pautas del producto. Tomar más de lo recomendado no necesariamente acelerará los resultados y podría provocar efectos secundarios como dolores de cabeza, fatiga o náuseas.
- **Mal almacenamiento:** Los péptidos son sensibles al calor y la luz y deben almacenarse correctamente para mantener su potencia. Guarde siempre los péptidos en un lugar fresco y oscuro, y la mayoría debe refrigerarse. Si se almacenan incorrectamente, los péptidos pueden degradarse, volviéndolos menos efectivos o incluso inútiles.
- **Saltarse dosis:** La consistencia es clave cuando se usan péptidos. Saltarse dosis o no seguir el horario adecuado puede reducir la eficacia del péptido. Para obtener los mejores resultados, siga estrictamente el programa de dosificación recomendado y establezca recordatorios si es necesario.
- **Usando fuentes no confiables:** Comprar péptidos de proveedores no verificados o de baja calidad es un error arriesgado. Compre siempre péptidos de empresas acreditadas que realicen pruebas de terceros para garantizar la pureza y seguridad del producto. El uso de péptidos falsificados o de baja calidad puede provocar efectos secundarios nocivos y una pérdida de dinero.
- **Ignorar las pautas de ciclismo:** No ciclar los péptidos correctamente puede provocar una eficacia reducida y posibles efectos secundarios con el tiempo. Siga siempre las recomendaciones de ciclismo y déle tiempo a su cuerpo para restablecerse entre ciclos de péptidos.

CAPÍTULO 4. SEGURIDAD Y NORMATIVA

4.1 Seguridad de los péptidos: comprensión de los efectos secundarios y los riesgos

La terapia con péptidos generalmente se considera segura, especialmente cuando los péptidos provienen de proveedores acreditados y se administran correctamente. Sin embargo, como cualquier tratamiento, los péptidos pueden tener efectos secundarios y es importante comprender los riesgos antes de comenzar la terapia. La mayoría de las personas experimentan efectos secundarios mínimos o nulos cuando usan péptidos, pero las reacciones individuales pueden variar según factores como la dosis, el método de administración y el péptido específico que se utiliza.

Efectos secundarios comunes:

- **Reacciones en el lugar de la inyección:** Los efectos secundarios más comunes son reacciones leves en el lugar de la inyección, como enrojecimiento, hinchazón o irritación. Estos síntomas suelen resolverse rápidamente y no son motivo de preocupación.

- **Dolores de cabeza y fatiga:** Algunos usuarios informan dolores de cabeza o fatiga, especialmente cuando comienzan la terapia con péptidos por primera vez o cuando toman dosis más altas. Si esto ocurre, es recomendable reducir la dosis y ver si los síntomas mejoran.

- **Náuseas y problemas digestivos:** Ciertos péptidos, particularmente aquellos que afectan el metabolismo o el apetito (como **Semaglutide**), puede causar náuseas o malestar estomacal. En la mayoría de los casos, estos efectos secundarios disminuyen a medida que el cuerpo se adapta al péptido.

- **Desequilibrios hormonales:** Los péptidos que influyen en los niveles hormonales, como los péptidos liberadores de la hormona del crecimiento, pueden provocar desequilibrios hormonales temporales. Esto puede provocar síntomas como retención de agua, dolor en las articulaciones o aumento del hambre. Si estos síntomas son graves o persisten, es importante ajustar la dosis o tomar un descanso del péptido para permitir que el cuerpo se reinicie.

Efectos secundarios menos comunes pero graves:

- **Hiperpigmentación:** Péptidos como **Melanotan II**, que estimulan la producción de melanina, pueden provocar cambios en la pigmentación de la piel. Si bien este efecto es deseable para el bronceado, en casos raros puede provocar tonos de piel desiguales o manchas oscuras.

- **Niveles excesivos de hormona del crecimiento:** El uso excesivo de péptidos liberadores de hormona del crecimiento puede provocar niveles excesivos de la hormona del crecimiento, lo que puede provocar efectos secundarios como aumento de los niveles de azúcar en sangre, síndrome del túnel carpiano o crecimiento anormal de los tejidos.

- **Reacciones alérgicas:** Aunque es poco común, algunas personas pueden tener una reacción alérgica a los péptidos. Los síntomas pueden incluir erupciones cutáneas, picazón o dificultad para respirar. En tales casos, suspenda su uso y busque atención médica de inmediato.

Cómo minimizar los riesgos:

- **Comience con una dosis baja:** Al comenzar la terapia con péptidos, comience siempre con la dosis más baja recomendada y aumente gradualmente según sea necesario. Esto permite que su cuerpo se adapte y reduce el riesgo de efectos secundarios.
- **Controle su cuerpo:** Preste mucha atención a cómo reacciona su cuerpo al péptido. Si experimenta algún efecto secundario, consulte con un proveedor de atención médica, ajuste su dosis o considere suspender temporalmente el péptido.
- **Consulte a un médico o profesional de la salud:** Antes de comenzar cualquier régimen de péptidos, es importante hablar con un profesional de la salud que pueda guiarlo en la elección del péptido, la dosis y el método de administración correctos.

4.2 Consideraciones legales y regulatorias en el uso de péptidos

El estatus legal de los péptidos varía según el país y el péptido específico en cuestión. Algunos péptidos están aprobados para uso médico, mientras que otros se consideran experimentales o no están regulados, lo que crea una zona gris a la hora de comprarlos y utilizarlos.

Prescripción versus venta libre

En muchos países, ciertos péptidos, como **insulina** o **hormona del crecimiento** (somatropina), son medicamentos que solo se venden con receta. Estos péptidos están regulados debido a sus poderosos efectos y su potencial de uso indebido. Por ejemplo, la hormona del crecimiento es una sustancia controlada en algunos países debido a su asociación con la mejora del rendimiento en los deportes. Es posible que otros péptidos, particularmente los más nuevos o experimentales, aún no hayan sido aprobados para uso terapéutico por organismos reguladores como el **Administración de Alimentos y Medicamentos de EE. UU. (FDA)** o **Agencia Europea de Medicamentos (EMA)**.

Reglamento deportivo y antidopaje

Los atletas deben tener especial cuidado al usar péptidos, ya que muchos están prohibidos por organizaciones deportivas como la Agencia Mundial Antidopaje (AMA). Los péptidos como IGF-1 LR3 o CJC-1295 a menudo están prohibidos en deportes competitivos porque pueden proporcionar una ventaja injusta al promover el crecimiento muscular o mejorar la recuperación. Si eres un atleta competitivo, asegúrate de consultar al organismo rector de tu deporte o consultar la lista de sustancias prohibidas de la AMA para evitar sanciones o descalificación.

Productos químicos de investigación

Muchos péptidos se venden en línea como productos químicos de investigación. Esto significa que están disponibles legalmente para su compra, pero se comercializan únicamente con fines de investigación, no para uso Humanin. Esta clasificación permite a las empresas vender péptidos que no han sido aprobados por las autoridades reguladoras para uso médico o terapéutico. Si bien estos péptidos aún pueden ser efectivos y seguros cuando se usan correctamente, comprarlos conlleva el riesgo de que el producto no cumpla con estrictos estándares de seguridad o pureza.

4.3 Péptidos y FDA: estado actual de aprobación

El **Administración de Alimentos y Medicamentos de EE. UU. (FDA)** ha aprobado un número limitado de péptidos para uso médico, particularmente para afecciones como diabetes, cáncer y deficiencias hormonales. Sin embargo, muchos péptidos disponibles en el mercado hoy en día no están aprobados por la FDA, lo que significa que no se han sometido a las rigurosas pruebas clínicas necesarias para confirmar su seguridad y eficacia para uso Humanin. Algunos de los péptidos que han recibido la aprobación de la FDA incluyen insulina, liraglutida, Semaglutide y bremelanotida (PT-141).

Péptidos experimentales

Muchos péptidos, incluidos los utilizados para combatir el envejecimiento, el crecimiento muscular y la mejora cognitiva, siguen sin estar aprobados por la FDA. Esto no significa necesariamente que no sean seguros, pero sí que no han sido evaluados en ensayos clínicos a gran escala para determinar su seguridad y eficacia a largo plazo. Ejemplos de péptidos no aprobados incluyen BPC-157, TB-500, CJC-1295 e Ipamorelin.

CAPITULO 5. PEPTIDOS TERAPEUTICOS Y USOS

5.1 Péptidos para perder grasa

La pérdida de grasa es uno de los beneficios más buscados de la terapia con péptidos, y existen varios péptidos diseñados específicamente para ayudar a las personas a perder grasa y al mismo tiempo preservar la masa muscular magra. Los péptidos utilizados para perder grasa generalmente funcionan aumentando el metabolismo, reduciendo el apetito o mejorando la capacidad del cuerpo para descomponer y utilizar la grasa almacenada.

Ipamorelin

Ipamorelin es un péptido liberador selectivo de la hormona del crecimiento (GHRP) que ha ganado popularidad por su capacidad para estimular la producción de la hormona del crecimiento (GH) en el cuerpo. Ipamorelin ayuda a promover la lipólisis (la descomposición de la grasa) al aumentar la secreción de la hormona del crecimiento, lo que mejora el metabolismo y ayuda a reducir la grasa corporal. Como péptido relativamente suave en comparación con otros GHRP, Ipamorelin ofrece una ventaja única: desencadena la liberación de la hormona del crecimiento sin afectar significativamente a otras hormonas como el cortisol o la prolactina. Esto lo convierte en una excelente opción para las personas que buscan crecimiento muscular, pérdida de grasa y recuperación sin los efectos secundarios de la estimulación hormonal excesiva.

Beneficios

Pérdida de grasa: Ipamorelin ayuda a aumentar la lipólisis (descomposición de grasas) al promover la liberación de la hormona del crecimiento, lo que facilita a los usuarios quemar grasa y al mismo tiempo preservar los músculos.

Preservación muscular: Mientras promueve la pérdida de grasa, Ipamorelin ayuda a preservar la masa muscular magra, que a menudo se pierde durante la dieta.

Metabolismo mejorado: Ipamorelin aumenta la tasa metabólica, lo que permite que el cuerpo queme más calorías incluso en reposo, lo que lleva a una pérdida de grasa sostenida con el tiempo.

Método de entrega

Ipamorelin se administra mediante inyección subcutánea, generalmente alrededor del abdomen.

Dosis y ciclos recomendados

La dosis estándar de Ipamorelin es entre **200 a 300 mcg por inyección**, administrado 1 a 3 veces al día. La mayoría de los usuarios comienzan con una dosis más baja y aumentan gradualmente según su respuesta al péptido.

Se utiliza frecuentemente en ciclos de **8 a 12 semanas**, seguido de una pausa para evitar la desensibilización.

AOD-9604

AOD-9604 es un péptido que ha demostrado un potencial significativo en la pérdida de grasa. Es una forma modificada de una región específica de la molécula de la hormona del crecimiento humana responsable del metabolismo de las grasas. A diferencia de la hormona del crecimiento, AOD-9604 no aumenta la resistencia a la insulina, lo que la convierte en una opción más segura para quienes tienen problemas metabólicos. AOD-9604 actúa imitando los efectos quemagrasas de la hormona del crecimiento sin sus efectos secundarios adversos, como el aumento de los niveles de azúcar en sangre. Se ha utilizado para ayudar a las personas a perder peso, especialmente para reducir la grasa corporal.

Beneficios

- **Promueve la descomposición de grasas**: AOD-9604 estimula la lipólisis, permitiendo al cuerpo descomponer la grasa de manera más efectiva.

- **No afecta el azúcar en sangre**: Una de las ventajas clave de AOD-9604 es su capacidad para promover la pérdida de grasa sin afectar el metabolismo de la insulina o la glucosa, lo que lo hace adecuado para personas con problemas metabólicos como la diabetes.

- **Mejora la pérdida de peso**: El uso regular de AOD-9604 puede mejorar la pérdida de peso general, particularmente en áreas rebeldes como el abdomen y los muslos.

Método de entrega y dosificación

AOD-9604 se administra mediante inyección subcutánea. La dosis típica para perder grasa es **300 mcg por día,** y puede usarse durante 12 a 16 semanas en ciclos de pérdida de grasa.

Semaglutide

Semaglutide, desarrollado originalmente para tratar la diabetes tipo 2, ha llamado la atención por sus poderosos efectos en la pérdida de grasa. La Semaglutide es un agonista del receptor del péptido 1 similar al glucagón (GLP-1) que regula los niveles de insulina y glucosa. Sin embargo, uno de sus beneficios más importantes es la supresión del apetito. En estudios clínicos, se ha demostrado que la Semaglutide ayuda a las personas a perder peso al reducir el apetito y mejorar la capacidad del cuerpo para procesar grasas. Este péptido se ha vuelto popular para perder peso, particularmente entre las personas que luchan contra la obesidad o quienes buscan una forma segura y no invasiva de controlar el apetito y perder peso. La Semaglutide actúa retardando el vaciamiento gástrico, lo que hace que las personas se sientan más llenas durante más tiempo, lo que conduce a una reducción de la ingesta de calorías y a la pérdida de peso.

Beneficios

- **Supresión del apetito**: La Semaglutide reduce el hambre al ralentizar la digestión, lo que ayuda a los usuarios a comer menos de forma natural sin sentirse privados.

- **Pérdida de peso mejorada**: Los ensayos clínicos han demostrado una pérdida de peso significativa en personas que usan Semaglutide, lo que la convierte en uno de los medicamentos más eficaces para reducir el peso.

- **Regulación del azúcar en sangre**: Además de promover la pérdida de peso, la Semaglutide ayuda a regular los niveles de azúcar en sangre, lo que puede prevenir picos de glucosa e insulina, lo que la hace particularmente útil para personas con resistencia a la insulina.

Método de administración y dosis recomendada

La Semaglutide se administra mediante inyección subcutánea, normalmente una vez a la semana.

La dosis inicial es **0,25 mg por semana**, aumentando gradualmente hasta 1,0 mg por semana según la tolerancia. Para perder peso, el tratamiento generalmente se continúa durante 16 a 24 semanas o hasta alcanzar el peso deseado.

Tirzepatide

Tirzepatide, otro agonista del receptor GLP-1, funciona de manera similar a la Semaglutide, pero se dirige a los receptores GLP-1 y GIP (polipéptido insulinotrópico dependiente de glucosa). Esta doble acción hace que la Tirzepatide sea aún más eficaz para perder grasa. Mejora la sensibilidad a la insulina del cuerpo, ayuda a regular los niveles de azúcar en sangre y reduce significativamente el apetito, lo que lleva a una pérdida de grasa más profunda que la Semaglutide sola. La Tirzepatide se ha convertido en un péptido muy buscado por las personas que buscan perder cantidades significativas de peso mientras preservan la masa muscular y mejoran la salud metabólica general. Es uno de los péptidos más nuevos utilizados para la obesidad y la salud metabólica, y ofrece un control superior del apetito y reducción de grasa.

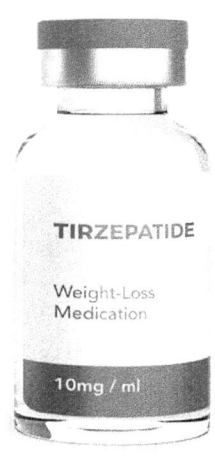

Beneficios

Pérdida significativa de grasa: Los estudios clínicos han demostrado que la Tirzepatide produce una mayor pérdida de grasa en comparación con los agonistas estándar del receptor GLP-1. Aumenta tanto la oxidación de grasas como la supresión del apetito, favoreciendo una reducción de peso rápida y sostenida.

Sensibilidad mejorada a la insulina: La Tirzepatide mejora la sensibilidad a la insulina, lo que la convierte en un péptido ideal para personas con resistencia a la insulina o diabetes tipo 2.

Salud metabólica: Más allá de la pérdida de peso, la Tirzepatide favorece la salud metabólica general al reducir los niveles de azúcar en sangre, reducir el colesterol y mejorar la salud cardiovascular.

Método de administración y dosis recomendada

Tirzepatide se inyecta por vía subcutánea una vez por semana, comenzando a las **2,5 mg por semana** y aumentando gradualmente hasta **15 mg por semana** basado en la tolerancia y los objetivos de pérdida de peso. Generalmente se utiliza en ciclos de **16 a 24 semanas** para una pérdida significativa de grasa.

Tesofensine

La Tesofensine es un inhibidor de la recaptación de serotonina, noradrenalina y dopamina (SNDRI) que se desarrolló inicialmente como tratamiento para enfermedades neurodegenerativas como el Alzheimer y el Parkinson. Sin embargo, sus potentes propiedades supresoras del apetito llevaron a su desarrollo como agente para bajar de peso. Al aumentar los niveles de neurotransmisores como la serotonina, la dopamina y la norepinefrina, la Tesofensine reduce el apetito y aumenta la tasa metabólica, lo que conduce a la pérdida de peso.

Beneficios

Supresión del apetito: La capacidad de la Tesofensine para aumentar los niveles de serotonina y dopamina ayuda a reducir el hambre, lo que facilita seguir una dieta restringida en calorías.

Pérdida de grasa: Al aumentar el metabolismo y el gasto energético, la Tesofensine ayuda al cuerpo a quemar más calorías a lo largo del día, lo que lleva a la pérdida de grasa.

Mejor estado de ánimo y motivación: El aumento de los niveles de dopamina puede mejorar el estado de ánimo y la motivación, que a menudo son desafíos durante el proceso de pérdida de peso.

Método de administración y dosis recomendada

La Tesofensine se toma por vía oral, siendo la dosis recomendada **0,5 mg por día**. Para bajar de peso, generalmente se realiza un ciclo durante **12 a 16 semanas**, y los usuarios monitorean cualquier efecto secundario cardiovascular, como aumento de la frecuencia cardíaca o la presión arterial.

Tesamorelin

Tesamorelin es un análogo de la hormona liberadora de la hormona del crecimiento (GHRH) que estimula la glándula pituitaria para que libere más hormona del crecimiento. Se ha utilizado principalmente para reducir la grasa visceral en personas con lipodistrofia asociada al VIH, pero desde entonces ha ganado popularidad por su capacidad para reducir la grasa abdominal y preservar la masa muscular en la población general.

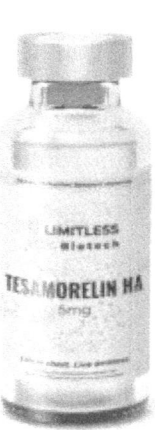

Beneficios

- **Reducción de la grasa visceral**: Tesamorelin se dirige específicamente a la grasa visceral, la grasa almacenada alrededor de los órganos, que es particularmente peligrosa y difícil de perder. Los estudios muestran reducciones significativas de la grasa abdominal en personas que usan Tesamorelin.

- **Preservación muscular**: Tesamorelin ayuda a preservar la masa muscular magra durante la pérdida de peso, lo que suele ser una preocupación para las personas que intentan reducir la grasa sin perder músculo.

- **Metabolismo mejorado**: Al estimular la liberación de la hormona del crecimiento, Tesamorelin estimula el metabolismo, lo que lleva a la pérdida de grasa y al mismo tiempo mantiene la masa muscular.

Método de administración y dosis recomendada

Tesamorelin se administra mediante inyección subcutánea, generalmente una vez al día. La dosis típica es **2 mg por día: 1 mg** por la noche, 90 minutos después de la última comida del día y **1 mg** después de despertar.

A menudo se cicla durante **12 a 16 semanas**. Se recomienda un control regular de los niveles de azúcar en sangre durante su uso.

MOTS-C

MOTS-C es un péptido derivado de mitocondrias que desempeña un papel importante en la regulación del metabolismo y la producción de energía. Mejora la capacidad del cuerpo para quemar grasas optimizando la función mitocondrial, lo que lo convierte en un poderoso péptido para perder peso y mejorar la salud metabólica.

Beneficios

Oxidación de grasas: MOTS-C estimula la función mitocondrial, lo que aumenta la capacidad del cuerpo para oxidar la grasa para obtener energía. Esto conduce a una mayor pérdida de grasa, especialmente durante el ejercicio.

Sensibilidad mejorada a la insulina: MOTS-C mejora la respuesta del cuerpo a la insulina, facilitando la regulación de los niveles de azúcar en sangre y reduciendo el almacenamiento de grasa.

Mayores niveles de energía: Al mejorar la eficiencia mitocondrial, MOTS-C mejora los niveles generales de energía, lo que facilita mantenerse activo y mantener una rutina de ejercicios durante la pérdida de peso.

Método de entrega y dosificación

MOTS-C se administra mediante inyección subcutánea. La dosis recomendada es **10 mg por semana**, generalmente dividido en 2 o 3 inyecciones. Se utiliza comúnmente en ciclos de pérdida de grasa de **12 a 16 semanas** para obtener mejores resultados.

5-Amino 1MQ

5-Amino 1MQ es una pequeña molécula que inhibe la enzima NNMT (nicotinamida N-metiltransferasa), que desempeña un papel en la desaceleración del metabolismo. Al inhibir la NNMT, 5-Amino 1MQ estimula el metabolismo celular, lo que lleva a una mayor pérdida de grasa y mayores niveles de energía.

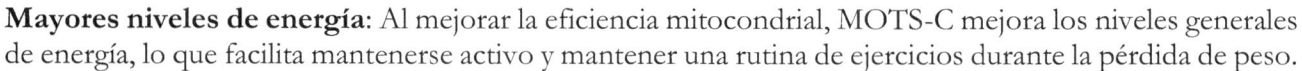

Beneficios

- **Pérdida de grasa**: 5-Amino 1MQ ayuda a aumentar la tasa metabólica al mejorar la capacidad del cuerpo para quemar grasa a nivel celular.

- **Niveles de energía mejorados**: Los usuarios a menudo informan un aumento de energía y vitalidad debido a la función celular mejorada, lo que facilita mantenerse activo durante los programas de pérdida de grasa.

- **Preservación de la masa magra**: Mientras promueve la pérdida de grasa, 5-Amino 1MQ ayuda a preservar la masa muscular, que es fundamental para mantener una composición corporal saludable.

Efectos secundarios

- Debido al aumento de los niveles de energía, algunos usuarios pueden tener dificultades para dormir si se toman a última hora del día.

Método de entrega y dosificación

5-Amino 1MQ se toma por vía oral en forma de cápsulas, siendo la dosis recomendada **50 a 100 mg por día**, dividido en dos dosis. Por lo general, se cicla durante **3 a 4 semanas** en programas de pérdida de grasa, seguido de un descanso de 1 a 2 semanas.

5.2 Péptidos para el crecimiento y rendimiento muscular

Los atletas, culturistas y entusiastas del fitness utilizan ampliamente los péptidos diseñados para mejorar el crecimiento y el rendimiento muscular. Estos péptidos ayudan a aumentar la masa muscular, acelerar la recuperación y mejorar el rendimiento deportivo general al estimular la liberación de la hormona del crecimiento, aumentar la síntesis de proteínas y reducir la degradación muscular.

Sermorelin

Sermorelin es una versión sintética de la hormona liberadora de la hormona del crecimiento (GHRH), diseñada específicamente para estimular la glándula pituitaria para que produzca y libere más hormona del crecimiento. A diferencia de la hormona del crecimiento Humanin sintética (HGH), que introduce hormonas exógenas en el cuerpo, Sermorelin estimula al cuerpo a aumentar su propia producción de hormona del crecimiento, lo que produce efectos más naturales y sostenidos.

Sermorelin es conocido por ser una alternativa más segura a la terapia con HGH, ya que estimula las vías hormonales naturales del cuerpo, reduciendo el riesgo de niveles excesivos de la hormona del crecimiento y los efectos secundarios asociados. El péptido se utiliza a menudo en protocolos antienvejecimiento, así como en programas de acondicionamiento físico y rendimiento.

Beneficios

Promueve el crecimiento muscular: Al aumentar los niveles de la hormona del crecimiento, Sermorelin mejora la síntesis de proteínas musculares, lo que permite una recuperación muscular más rápida y un aumento de la masa muscular magra.

Mayor recuperación y curación: Sermorelin puede acelerar significativamente los tiempos de recuperación después de entrenamientos intensos o lesiones, permitiendo a los atletas entrenar con más frecuencia sin riesgo de sobreentrenamiento.

Pérdida de grasa y metabolismo: Los niveles elevados de hormona del crecimiento también promueven la lipólisis, la descomposición de las grasas. Esto hace que Sermorelin sea una herramienta valiosa para reducir la grasa corporal mientras se mantiene o se gana masa muscular magra.

Mejor sueño y recuperación: La hormona del crecimiento alcanza su punto máximo durante el sueño profundo y Sermorelin ayuda a los usuarios a lograr un sueño más reparador, lo que lleva a una mejor recuperación general y rejuvenecimiento físico.

Método de administración y dosis recomendada

Sermorelin se administra mediante inyección subcutánea, generalmente antes de acostarse para alinearse con los ciclos naturales de liberación de la hormona del crecimiento del cuerpo.

La dosis típica es **200 a 500 mcg por día**, dependiendo de los objetivos del usuario y su salud general. A menudo se cicla durante **12 a 16 semanas**, seguido de una pausa para evitar la desensibilización.

BPC-157

BPC-157 (Body Protection Compound 157) es un poderoso péptido conocido por su capacidad para promover la reparación de músculos y tejidos. Es un péptido derivado de una proteína que se encuentra en el jugo gástrico.

Si bien no está directamente relacionado con el crecimiento muscular, BPC-157 acelera la recuperación de lesiones y daños musculares, lo que permite a los atletas regresar a su entrenamiento más rápidamente. Actúa promoviendo la curación de los tejidos dañados, mejorando el flujo sanguíneo a las zonas lesionadas y reduciendo la inflamación. Esto hace que BPC-157 sea particularmente útil para cualquier persona que se recupere de desgarros musculares, lesiones de tendones o problemas en las articulaciones.

Lo que hace que BPC-157 sea particularmente único es su capacidad para aumentar el flujo sanguíneo a las áreas dañadas, promover la angiogénesis (la formación de nuevos vasos sanguíneos) y acelerar el proceso de curación en lesiones tanto agudas como crónicas.

Beneficios

Reparación acelerada de músculos y tejidos: BPC-157 estimula la reparación de fibras musculares, tendones y ligamentos dañados, reduciendo significativamente los tiempos de recuperación de las lesiones.

Curación de articulaciones y ligamentos: Además de la reparación muscular, BPC-157 promueve la curación de tendones y ligamentos, cuya curación es muy lenta. Esto puede ayudar a prevenir problemas crónicos y mejorar la movilidad y flexibilidad de las articulaciones.

Salud intestinal e inflamación: BPC-157 se estudió inicialmente por sus efectos sobre la salud intestinal, particularmente en la curación de úlceras y la reducción de la inflamación en el tracto digestivo. Sus propiedades antiinflamatorias se extienden a todo el cuerpo, lo que lo hace útil para reducir el dolor crónico y la inflamación en músculos y articulaciones.

Recuperación mejorada de los entrenamientos: Al promover una reparación más rápida de los tejidos y reducir la inflamación, BPC-157 permite a los usuarios recuperarse más rápidamente de sesiones de entrenamiento intensas, lo que permite entrenamientos más frecuentes y productivos.

Método de administración y dosis recomendada

BPC-157 se administra mediante inyección subcutánea, generalmente cerca del lugar de la lesión o malestar. Para la curación sistémica, se pueden realizar inyecciones en el área abdominal. La dosis típica es **200 a 500 mcg por inyección**, administrado una o dos veces al día, según la gravedad de la lesión y los objetivos del usuario.

Duración del ciclo: BPC-157 se puede utilizar durante períodos de **4 a 12 semanas**, dependiendo de la gravedad de la lesión y del progreso de la curación. Los usuarios deben tomar un descanso después de cada ciclo para evitar la desensibilización.

TB-500

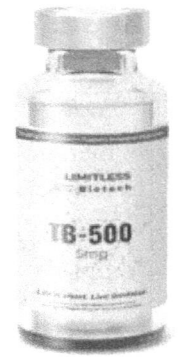

TB-500 es una versión sintética de un péptido natural llamado Thymosin Beta-4, que se encuentra en casi todas las células humanas. Su función principal es promover la reparación y regeneración de tejidos aumentando la migración y diferenciación celular. TB-500 es particularmente conocido por su capacidad para curar lesiones en músculos, tendones, ligamentos e incluso órganos. Se utiliza comúnmente en deportes y fitness por sus notables propiedades para mejorar la recuperación y su capacidad para reducir la inflamación.

Desempeña un papel importante en la angiogénesis (la formación de nuevos vasos sanguíneos), la cicatrización de heridas y la reducción de la acumulación de tejido cicatricial. Esto lo hace especialmente valioso para atletas y personas que se recuperan de lesiones físicas, cirugías o inflamación crónica. También ayuda a mejorar la flexibilidad y la movilidad al facilitar la curación de tendones y ligamentos, que tardan en repararse de forma natural.

Beneficios

Recuperación acelerada de lesiones: TB-500 promueve una curación más rápida al fomentar la migración de células al sitio de la lesión. Apoya la reparación de músculos, tendones, ligamentos e incluso el sistema cardiovascular. Esto ayuda a acelerar los tiempos de recuperación de lesiones tanto agudas como crónicas.

Mayor flexibilidad y movilidad: TB-500 ayuda a la curación de tendones y ligamentos, lo que puede mejorar la flexibilidad y el rango de movimiento de las articulaciones.

Inflamación reducida: TB-500 tiene potentes propiedades antiinflamatorias que ayudan a reducir la hinchazón, el dolor y la inflamación tanto en lesiones agudas como en afecciones crónicas como la artritis. Esto permite a los usuarios sanar más rápidamente y con menos molestias.

Salud cardiovascular: Al promover la angiogénesis y la regeneración de tejidos, TB-500 también puede respaldar la salud cardiovascular al mejorar el flujo sanguíneo y curar los vasos sanguíneos dañados.

Método de entrega

TB-500 se administra mediante inyección subcutánea y los usuarios normalmente inyectan el péptido cerca del sitio de la lesión para obtener efectos localizados. Para una recuperación general, se pueden administrar inyecciones en el área abdominal.

Dosis y ciclos recomendados

La dosis típica de TB-500 varía desde **2 a 5 mg por semana**, dividido en **2-3 inyecciones**. Para los usuarios que buscan acelerar la recuperación, la fase de carga generalmente consiste en **4 a 5 mg por semana** por primera **4 a 6 semanas**.

- **Fase de mantenimiento**: Después de la fase de carga inicial, la dosis se puede reducir a **2-3 mg por semana** para mantener los efectos del péptido y continuar apoyando la recuperación.

Los ciclos TB-500 suelen durar entre **4 a 8 semanas**, dependiendo de la gravedad de la lesión y de las necesidades de recuperación del usuario.

IGF-1 LR3

IGF-1 LR3 (Factor de crecimiento similar a la insulina-1 Long R3) es un péptido que promueve directamente el crecimiento muscular. IGF-1 es una hormona producida naturalmente por el hígado en respuesta a la estimulación de la hormona del crecimiento. Es responsable de muchos de los efectos anabólicos de la hormona del crecimiento, como aumentar la síntesis de proteínas y promover la proliferación de células musculares.

IGF-1 LR3 es una versión modificada de IGF-1 con una vida media más larga, lo que le permite permanecer activo en el cuerpo durante un período prolongado. Esto significa que los usuarios experimentan un crecimiento muscular y una pérdida de grasa más sostenidos. Los atletas y culturistas suelen utilizar IGF-1 LR3 para desarrollar masa muscular, mejorar la fuerza y mejorar el rendimiento físico general. También aumenta la síntesis de proteínas y promueve la absorción de aminoácidos en las células, mejorando aún más el crecimiento y la recuperación muscular.

Beneficios

Crecimiento muscular e hipertrofia: IGF-1 LR3 promueve un crecimiento muscular significativo al aumentar el tamaño y la cantidad de fibras musculares. Activa las células satélite, que son esenciales para la reparación y la hipertrofia muscular, lo que la convierte en una opción popular entre los culturistas y atletas que buscan maximizar las ganancias musculares.

Recuperación mejorada: IGF-1 LR3 acelera la recuperación favoreciendo la síntesis de proteínas y la reparación de los tejidos dañados. Esto permite a los atletas recuperarse más rápidamente de sesiones de entrenamiento intensas, reduciendo el tiempo de inactividad y el riesgo de lesiones.

Fuerza y rendimiento mejorados: Al aumentar la masa muscular y promover la recuperación, IGF-1 LR3 mejora la fuerza general y el rendimiento atlético, lo que lo hace ideal para el entrenamiento de fuerza y los deportes competitivos.

Pérdida de grasa: IGF-1 LR3 también tiene propiedades quemagrasas, ya que aumenta el metabolismo y promueve la descomposición de las reservas de grasa para obtener energía. Esto ayuda a los usuarios a lograr un físico más delgado mientras desarrollan músculo.

Método de entrega y dosificación

El IGF-1 LR3 normalmente se administra mediante inyección subcutánea o intramuscular. Debido a su vida media más larga en comparación con el IGF-1 normal, se requieren menos inyecciones para mantener niveles estables.

Dosificación: La dosis estándar oscila entre **20 a 100 mcg por día**, y los principiantes comienzan por el extremo inferior para evaluar la tolerancia. Los usuarios más experimentados pueden aumentar la dosis según sea necesario para promover un mayor crecimiento muscular.

- **Duración del ciclo**: IGF-1 LR3 comúnmente se cicla para **4 a 6 semanas**, seguido de un descanso para evitar posibles efectos secundarios y permitir que los niveles naturales de IGF-1 del cuerpo vuelvan a la normalidad.

DSIP

DSIP o péptido inductor del sueño Delta, es un neuropéptido conocido por su capacidad para promover un sueño reparador, particularmente un sueño profundo, que es esencial para la recuperación y la reparación de los tejidos. Descubierto en la década de 1970, DSIP ha llamado la atención por su potencial para mejorar la calidad del sueño, reducir el estrés y apoyar la recuperación en atletas y personas con trastornos del sueño. A diferencia de las ayudas para dormir tradicionales, DSIP funciona regulando el ciclo de sueño-vigilia y mejorando los mecanismos naturales del sueño del cuerpo, en lugar de sedar al usuario.

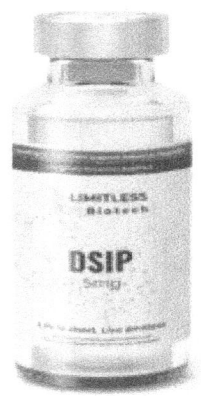

El sueño juega un papel vital en la recuperación, especialmente para quienes realizan un entrenamiento físico intenso o se recuperan de lesiones. La capacidad de DSIP para promover un sueño profundo y reparador lo hace particularmente valioso para atletas e individuos que buscan optimizar la recuperación muscular, el crecimiento y la salud general.

Beneficios

Calidad del sueño: DSIP promueve un sueño más profundo y reparador al regular el ritmo circadiano del cuerpo y fomentar la aparición de un sueño de ondas lentas (sueño profundo). Esto permite la recuperación y reduce el riesgo de alteraciones del sueño.

Recuperación mejorada: Dado que el cuerpo libera la mayor parte de la hormona del crecimiento durante el sueño profundo, DSIP mejora indirectamente la recuperación y el crecimiento muscular al favorecer mejores ciclos de sueño. Esto es especialmente beneficioso para los deportistas que necesitan una recuperación óptima después de un entrenamiento intenso.

Reducción del estrés: Se ha demostrado que DSIP reduce los niveles de estrés y ansiedad, lo que puede interferir con la calidad del sueño y la recuperación. Al promover la relajación, DSIP ayuda a las personas a conciliar el sueño más fácilmente y a permanecer dormidos por más tiempo.

Método de administración y dosis recomendada

DSIP se administra mediante inyección subcutánea,

Dosificación: La dosis estándar de DSIP es **100 a 200 mcg por día**, administrado aproximadamente entre 30 y 60 minutos antes de acostarse.

- **Duración del ciclo**: DSIP se puede utilizar de forma continua durante varias semanas o meses, aunque a menudo se realiza un ciclo durante **4 a 6 semanas**.

GHRP-2

GHRP-2 (Péptido liberador de hormona de crecimiento-2) es un poderoso secretagogo de la hormona del crecimiento que estimula la glándula pituitaria para que libere más hormona del crecimiento (GH). Es uno de los GHRP más potentes disponibles y se usa ampliamente para promover el crecimiento muscular, la pérdida de grasa y la recuperación. GHRP-2 actúa imitando los efectos de la grelina, una hormona que estimula el hambre, y uniéndose a receptores específicos en la glándula pituitaria, lo que aumenta la secreción de la hormona del crecimiento.

Beneficios

Aumento de los niveles de hormona del crecimiento: GHRP-2 aumenta significativamente la liberación de la hormona del crecimiento, lo que conduce al crecimiento muscular, una mejor recuperación y una mayor fuerza.

Crecimiento y recuperación muscular: Los niveles más altos de hormona del crecimiento promueven la síntesis de proteínas musculares y la reparación de tejidos, lo que permite a los usuarios recuperarse más rápidamente de sesiones de entrenamiento intensas y desarrollar masa muscular magra.

Pérdida de grasa: GHRP-2 promueve la descomposición de las grasas al aumentar la tasa metabólica del cuerpo y fomentar el uso de la grasa almacenada para obtener energía. Esto lo convierte en un péptido eficaz para mejorar la composición corporal.

Sueño mejorado: Como muchos péptidos liberadores de hormona del crecimiento, GHRP-2 mejora la calidad del sueño, especialmente el sueño profundo, que es esencial para la recuperación muscular y la salud en general.

Método de entrega y dosificación

GHRP-2 se administra mediante inyección subcutánea, generalmente en el área abdominal. También se puede utilizar en combinación con otros péptidos como CJC-1295 para maximizar la liberación de la hormona del crecimiento.

- **Dosificación**: La dosis recomendada es **100 a 300 mcg por inyección**, tomado 1 a 3 veces al día. Para obtener mejores resultados, las inyecciones deben administrarse con el estómago vacío para evitar interferencias con la insulina.

- **Duración del ciclo**: GHRP-2 comúnmente se cicla para **8 a 12 semanas**, seguido de un descanso.

GHRP-6

GHRP-6 (Péptido liberador de hormona de crecimiento-6) es otro potente secretagogo de la hormona del crecimiento que estimula la liberación de la hormona del crecimiento desde la glándula pituitaria. Al igual que GHRP-2, GHRP-6 imita los efectos de la grelina, una hormona que regula el hambre y estimula la liberación de GH. Sin embargo, a menudo se prefiere el GHRP-6 por su mayor capacidad para aumentar el apetito, lo que lo convierte en una opción popular entre las personas que buscan ganar masa muscular y mejorar la recuperación.

GHRP-6 se usa comúnmente en programas de desarrollo muscular, ya que promueve el crecimiento y la recuperación muscular y apoya la pérdida de grasa.

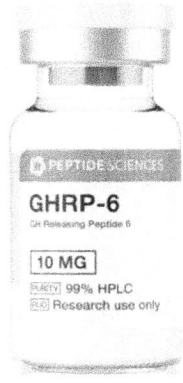

Beneficios

Mayor liberación de hormona del crecimiento: GHRP-6 desencadena una liberación significativa de la hormona del crecimiento, que promueve el crecimiento muscular, la pérdida de grasa y una recuperación más rápida.

Crecimiento y reparación muscular: Al aumentar los niveles de la hormona del crecimiento, GHRP-6 mejora la síntesis de proteínas musculares y la reparación de tejidos, lo que permite a los usuarios recuperarse más rápidamente y desarrollar masa muscular magra.

Mayor apetito: Uno de los beneficios clave de GHRP-6 es su capacidad para estimular el apetito, lo que lo hace ideal para personas que luchan por consumir suficientes calorías para el crecimiento muscular.

Pérdida de grasa: GHRP-6 promueve la lipólisis (descomposición de grasas), lo que lo convierte en una herramienta útil para mejorar la composición corporal al reducir la grasa y aumentar la masa muscular.

Sueño mejorado: GHRP-6 mejora la calidad del sueño, particularmente el sueño profundo, que es esencial para la recuperación muscular y la salud en general.

Método de entrega y dosificación

GHRP-6 se administra mediante inyección subcutánea, generalmente de 1 a 3 veces al día. A menudo se usa en combinación con otros péptidos para mejorar el crecimiento y la recuperación muscular.

Dosificación: La dosis típica es **100 a 300 mcg por inyección**, tomado de 1 a 3 veces al día. Para obtener resultados óptimos, GHRP-6 debe administrarse con el estómago vacío, ya que los alimentos (especialmente los carbohidratos y las grasas) pueden interferir con sus efectos.

Duración del ciclo: GHRP-6 normalmente se cicla durante **8 a 12 semanas**, seguido de un descanso.

Hexarelin

La Hexarelin es uno de los GHRP más potentes disponibles, conocido por su gran capacidad para estimular la liberación de la hormona del crecimiento. Es un péptido sintético que imita los efectos de la grelina y se une a receptores específicos de la glándula pituitaria, provocando un aumento en los niveles de la hormona del crecimiento. La Hexarelin se utiliza a menudo para el crecimiento muscular, la recuperación y la pérdida de grasa, pero también tiene beneficios únicos para la salud cardiovascular.

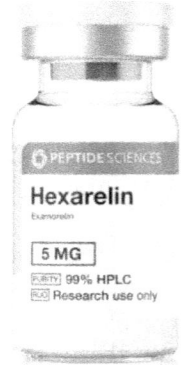

Una de las características distintivas de Hexarelin es su potencia, ya que puede provocar una liberación más pronunciada y sostenida de la hormona del crecimiento en comparación con otros GHRP como GHRP-2 o GHRP-6. Esto lo hace muy eficaz para personas que buscan un rápido crecimiento y recuperación muscular, aunque debe usarse con precaución debido a su potencia.

Beneficios

Liberación significativa de hormona del crecimiento: La Hexarelin es conocida por su poderosa capacidad para estimular la liberación de la hormona del crecimiento, lo que conduce a un mayor crecimiento muscular, pérdida de grasa y una mejor recuperación.

Crecimiento y reparación muscular: Al promover niveles más altos de hormona del crecimiento, Hexarelin mejora la síntesis de proteínas musculares y acelera la reparación de tejidos.

Pérdida de grasa: Hexarelin promueve el metabolismo de las grasas al aumentar la tasa metabólica del cuerpo y fomentar la descomposición de las reservas de grasa para obtener energía. Esto ayuda a los usuarios a lograr un físico más delgado mientras desarrollan músculo.

Mejora de la salud cardiovascular: Hexarelin ha demostrado beneficios potenciales para la salud cardiovascular al mejorar la función cardíaca y reducir el riesgo de problemas relacionados con el corazón. Promueve la curación del tejido cardíaco y puede favorecer la recuperación en personas con afecciones cardiovasculares.

Método de entrega y dosificación

Hexarelin se administra mediante inyección subcutánea. Debido a su potencia, a menudo se recomiendan dosis más bajas para quienes son nuevos en el uso de GHRP.

Dosificación: La dosis recomendada es **100 a 200 mcg por inyección**, tomado 1 o 2 veces al día. Debido a sus fuertes efectos sobre la liberación de la hormona del crecimiento, dosis más bajas suelen ser suficientes para lograr los resultados deseados.

Duración del ciclo: Hexarelin normalmente se cicla durante **4 a 6 semanas** seguido de un descanso.

PEG-MGF

PEG-MGF (Factor de Crecimiento Mecano Pegilado) es una versión modificada del IGF-1 que es el principal responsable de reparar y regenerar los tejidos musculares después del ejercicio intenso. El factor de crecimiento mecánico (MGF) se produce naturalmente en el cuerpo en respuesta al daño muscular o a una sobrecarga mecánica (como el levantamiento de pesas). PEG-MGF es una forma pegilada de MGF, lo que significa que se ha modificado para que tenga una vida media más larga, lo que le permite permanecer activo en el torrente sanguíneo durante más tiempo y promover un crecimiento y una reparación muscular más sostenidos.

Beneficios

Reparación muscular: PEG-MGF promueve la reparación y regeneración de los tejidos musculares después del daño inducido por el ejercicio, lo que permite una recuperación más rápida y un crecimiento muscular más significativo.

Crecimiento muscular e hipertrofia: Al activar las células satélite (las precursoras de las células musculares), PEG-MGF estimula el crecimiento de nuevas fibras musculares, lo que aumenta el tamaño y la fuerza de los músculos.

Recuperación mejorada: PEG-MGF reduce los tiempos de recuperación después de sesiones de entrenamiento intensas, permitiendo a los atletas entrenar con más frecuencia sin sobreentrenamiento ni riesgo de lesiones.

Vida media más larga: Cuanto más larga sea la vida media del MGF, se podrán lograr efectos más sostenidos sobre el crecimiento y la recuperación muscular.

Método de entrega y dosificación

El PEG-MGF generalmente se administra mediante inyección subcutánea o intramuscular, según las preferencias y los objetivos del usuario.

Dosificación: La dosis recomendada de PEG-MGF es **200 a 400 mcg por inyección**, tomado **2-3 veces por semana**. A menudo se inyecta después del entrenamiento para maximizar sus efectos en la reparación y recuperación muscular.

Duración del ciclo: PEG-MGF comúnmente se cicla para **4 a 6 semanas**, con un descanso.

MK-677

MK-677, también conocido como Ibutamoren, es un secretagogo de la hormona del crecimiento activo por vía oral que imita la acción de la grelina, una hormona del hambre, y estimula la liberación de la hormona del crecimiento (GH) y el factor de crecimiento similar a la insulina 1 (IGF-1). A diferencia de muchos otros péptidos que requieren inyecciones, MK-677 ofrece la comodidad de la administración oral.

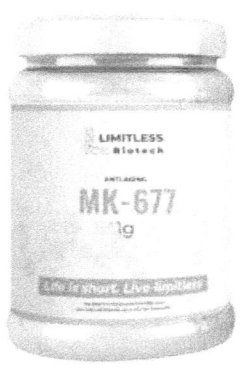

MK-677 es único porque estimula la liberación de la hormona del crecimiento sin afectar significativamente el cortisol u otras hormonas del estrés, lo que lo convierte en una opción más segura y equilibrada para uso a largo plazo. Su capacidad para mantener niveles constantes de la hormona del crecimiento durante 24 horas después de una dosis única lo hace muy eficaz para desarrollar y reducir músculos.

Beneficios

Crecimiento muscular e hipertrofia: MK-677 aumenta la liberación de la hormona del crecimiento y del IGF-1, los cuales son necesarios para la síntesis de proteínas musculares y la hipertrofia muscular.

Pérdida de grasa: Al promover la descomposición de la grasa almacenada para obtener energía (lipólisis) y aumentar la tasa metabólica, MK-677 ayuda a reducir la grasa corporal mientras preserva la masa muscular. Su capacidad para mejorar la composición corporal lo hace popular tanto para las fases de volumen como para las de corte.

Recuperación: La hormona del crecimiento juega un papel clave en la reparación y recuperación de los tejidos. MK-677 ayuda a la recuperación de entrenamientos intensos al acelerar la reparación muscular, reducir el dolor muscular y mejorar el tiempo general de recuperación.

Densidad ósea mejorada: Se ha demostrado que MK-677 aumenta la densidad ósea, lo cual es importante para los atletas y las personas mayores que buscan mantener huesos fuertes y saludables.

Mayor apetito: Debido a sus efectos de imitación de la grelina, MK-677 aumenta el apetito, lo que puede ser beneficioso para las personas que intentan consumir más calorías para el crecimiento muscular.

Método de entrega y dosificación

MK-677 se toma por vía oral, normalmente en forma de cápsulas o tabletas. Esto lo convierte en uno de los péptidos más convenientes para los usuarios que prefieren evitar las inyecciones.

Dosificación: La dosis recomendada de MK-677 es **10 a 25 mg por día**. Los principiantes suelen comenzar con una dosis más baja (10 mg) y aumentarla gradualmente según su tolerancia y los efectos deseados.

Duración del ciclo: MK-677 se utiliza a menudo para **8 a 12 semanas**, aunque algunos usuarios extienden sus ciclos a **16 semanas** para un crecimiento muscular más significativo y una pérdida de grasa.

Ipamorelin

Ipamorelin es un péptido liberador selectivo de la hormona del crecimiento (GHRP) que estimula la liberación de la hormona del crecimiento desde la glándula pituitaria sin afectar significativamente a otras hormonas como el cortisol o la prolactina. Es uno de los GHRP más suaves y mejor tolerados, lo que lo convierte en una opción popular para las personas que buscan aumentar los niveles de la hormona del crecimiento para el crecimiento muscular, la pérdida de grasa y una mejor recuperación con efectos secundarios mínimos.

A diferencia de otros GHRP que pueden provocar picos de hormonas del estrés o hambre, Ipamorelin proporciona una liberación más específica y controlada de la hormona del crecimiento. Esto lo hace especialmente valioso para atletas e individuos que buscan mejoras graduales y sostenidas en el crecimiento y la recuperación muscular sin riesgo de desequilibrios hormonales.

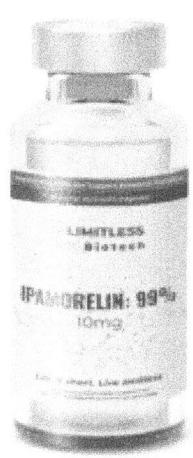

Beneficios

Crecimiento y recuperación muscular: Ipamorelin promueve la síntesis de proteínas musculares y ayuda a la reparación de tejidos al aumentar los niveles de la hormona del crecimiento.

Pérdida de grasa: La hormona del crecimiento juega un papel clave en el metabolismo de las grasas y la Ipamorelin mejora la lipólisis (descomposición de las grasas) al estimular la liberación de la hormona del crecimiento. Esto conduce a una mejor composición corporal, con reducciones de la grasa corporal y preservación de la masa muscular magra.

Sin impacto sobre el cortisol o la prolactina: Una de las principales ventajas de Ipamorelin sobre otros GHRP es su falta de efecto significativo sobre los niveles de cortisol y prolactina, lo que significa menos efectos secundarios como aumento del estrés o fluctuaciones hormonales no deseadas.

Método de administración y dosis recomendada

Ipamorelin se administra mediante inyección subcutánea, generalmente en el área abdominal.

Dosificación: La dosis estándar de Ipamorelin es **200 a 300 mcg por inyección**, tomado **1 a 3 veces por día**. Para la mayoría de los usuarios, comenzar con una inyección diaria es suficiente, reservando dosis más altas para personas que buscan una liberación más pronunciada de la hormona del crecimiento.

Duración del ciclo: Ipamorelin se usa comúnmente en ciclos de **8 a 12 semanas**, seguido de un descanso.

CJC-1295

CJC-1295 es un análogo de la hormona liberadora de la hormona del crecimiento (GHRH) de acción prolongada que estimula la liberación de la hormona del crecimiento desde la glándula pituitaria. Es conocido por su capacidad para proporcionar una liberación sostenida de la hormona del crecimiento a lo largo del tiempo, lo que lo convierte en un péptido poderoso para el crecimiento muscular, la pérdida de grasa y sus beneficios antienvejecimiento. La larga vida media del péptido significa que los usuarios pueden experimentar una liberación continua de la hormona del crecimiento sin inyecciones frecuentes, lo que lo convierte en una opción conveniente para el uso a largo plazo.

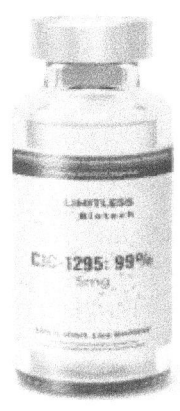

Beneficios

Liberación de hormona de crecimiento: CJC-1295 proporciona una liberación prolongada de la hormona del crecimiento durante varios días, lo que reduce la necesidad de inyecciones frecuentes. Esta liberación sostenida promueve el crecimiento muscular, el metabolismo de las grasas y la recuperación física general.

Crecimiento muscular: Al aumentar los niveles de la hormona del crecimiento, CJC-1295 ayuda a estimular la síntesis de proteínas musculares y la reparación de tejidos, lo que lo convierte en una opción popular para los culturistas y atletas que buscan mejorar la masa muscular y la recuperación.

Pérdida de grasa: La hormona del crecimiento desempeña un papel clave en el metabolismo de las grasas y CJC-1295 favorece la pérdida de grasa al promover la lipólisis. Los usuarios suelen informar de una disminución de la grasa corporal, especialmente en zonas rebeldes como el abdomen y los muslos.

Antienvejecimiento: La capacidad de CJC-1295 para aumentar los niveles de la hormona del crecimiento ayuda a reducir los signos visibles del envejecimiento, como las arrugas y la flacidez de la piel. También favorece la producción de colágeno, lo que mejora la elasticidad de la piel y la salud general de la piel.

Dosis recomendada

CJC-1295 se administra a través de **subcutáneo** inyección.

La dosis estándar de CJC-1295 es **100-200 mcg (1 mg)** por inyección, administrado **1 o 2 veces por semana**. El péptido suele utilizarse en ciclos de 8 a 12 semanas, seguidos de un descanso.

5.3 Péptidos para la salud cerebral y el rendimiento cognitivo

La salud cerebral y el rendimiento cognitivo se han convertido en un área de investigación cada vez más popular en la terapia con péptidos, ya que muchas personas buscan formas de mejorar la memoria, la concentración y la función cerebral en general. Los péptidos de esta categoría están diseñados para mejorar la claridad mental, apoyar la salud neuronal y mejorar el rendimiento cognitivo, lo que los hace útiles para todos, desde estudiantes y profesionales hasta adultos mayores preocupados por el deterioro cognitivo.

Semax

Semax Es un péptido sintético derivado de la hormona adrenocorticotrópica (ACTH) pero sin ninguna actividad hormonal. Desarrollado en Rusia en la década de 1980 por sus propiedades neuroprotectoras y de mejora cognitiva, Semax ha ganado popularidad por su capacidad para mejorar la función cerebral, mejorar la memoria y promover la neuroplasticidad.

Se utiliza ampliamente para la mejora cognitiva, la regulación del estado de ánimo y en el tratamiento de diversas afecciones neurológicas. También se ha utilizado para tratar afecciones como el TDAH y la depresión, gracias a sus propiedades neuroprotectoras y su capacidad para regular los niveles de dopamina.

Semax se considera un nootrópico, lo que significa que mejora la función cognitiva, particularmente en áreas como la memoria, el aprendizaje y la claridad mental. También se destaca por su capacidad para aumentar la producción del factor neurotrófico derivado del cerebro (BDNF), una proteína que favorece el crecimiento, desarrollo y mantenimiento de las neuronas.

Beneficios

Rendimiento cognitivo: Semax es conocido por mejorar la retención de la memoria, la capacidad de aprendizaje y la claridad mental general. Mejora el rendimiento cognitivo tanto en personas sanas como en aquellas que sufren deterioro cognitivo.

Neuroprotección: Al aumentar los niveles de BDNF, Semax apoya la salud y el crecimiento de las neuronas, protegiendo el cerebro del daño causado por el estrés, las toxinas o las condiciones neurológicas.

Regulación del estado de ánimo: Se ha demostrado que Semax regula el estado de ánimo y reduce los síntomas de ansiedad y depresión. Promueve una sensación de bienestar y estabilidad emocional al modular los niveles de dopamina y serotonina en el cerebro.

Enfoque y alerta: Los usuarios a menudo informan una mejora en el enfoque, la atención y la energía mental cuando usan Semax, lo que lo convierte en un péptido ideal para personas que necesitan mantenerse alerta y alerta durante períodos prolongados.

Método de administración y dosis recomendada

Semax se administra más comúnmente por vía intranasal, lo que permite una rápida absorción en el cerebro. También se puede inyectar por vía subcutánea, aunque se prefiere la administración nasal por sus beneficios cognitivos.

Dosificación: La dosis nasal típica de Semax es **100 a 300 mcg por pulverización**, usado **1 o 2 veces al día**. Una pulverización en cada fosa nasal una o dos veces al día suele ser suficiente.

Necesitará 300 mcg de Semax por pulverización si su frasco tiene 30 mg de Semax en una solución de 10 ml.

Dosis de **100-300 mcg** una vez al día si se inyecta **subcutáneamente**.

Duración del ciclo: Semax se puede utilizar continuamente para **2 a 4 semanas**, seguido de un descanso. También se puede utilizar de forma intermitente, según las necesidades cognitivas o anímicas del usuario.

Selank

Selank es un péptido sintético derivado del péptido tuftsina natural, que desempeña un papel en la función inmune. Desarrollado en Rusia, Selank se utiliza principalmente por sus propiedades ansiolíticas (contra la ansiedad) y de mejora cognitiva. Se ha demostrado que reduce la ansiedad, mejora el estado de ánimo y mejora el rendimiento cognitivo sin causar la sedación o dependencia asociada con los medicamentos ansiolíticos tradicionales.

Selank modula los niveles de neurotransmisores en el cerebro, particularmente serotonina, dopamina y norepinefrina, todos los cuales participan en la regulación del estado de ánimo, el estrés y la función cognitiva. Esto lo convierte en un péptido valioso para las personas que buscan mejorar la claridad mental, reducir la ansiedad y mejorar su sensación general de bienestar.

Beneficios

Reduce la ansiedad: Selank es muy eficaz para reducir los síntomas de ansiedad y promover la estabilidad emocional sin los efectos sedantes de los medicamentos ansiolíticos tradicionales. Calma la mente y permite a los usuarios permanecer alerta y concentrados.

Función cognitiva: Además de sus propiedades ansiolíticas, Selank mejora el rendimiento cognitivo, particularmente en las áreas de memoria, aprendizaje y concentración. A menudo lo utilizan personas que buscan mejorar la claridad mental y la resistencia cognitiva.

Estabilización del estado de ánimo: Se ha demostrado que Selank estabiliza el estado de ánimo y reduce los síntomas de la depresión. Al regular los niveles de serotonina y dopamina, promueve una sensación de calma y equilibrio emocional.

Apoyo al sistema inmunológico: Curiosamente, Selank también tiene efectos inmunomoduladores, apoyando el sistema inmunológico y ayudando al cuerpo a responder más eficazmente al estrés.

Riesgos y efectos secundarios

Selank es bien tolerado y tiene un bajo riesgo de efectos secundarios, lo que lo convierte en una opción atractiva para las personas que buscan soluciones ansiolíticas y de mejora cognitiva naturales. Sin embargo, algunos usuarios pueden experimentar:

- **Irritación nasal**: Cuando se usa por vía intranasal, puede producirse una leve irritación o malestar en las fosas nasales.
- **Modorra**: En casos raros, algunos usuarios pueden sentir un poco de somnolencia, especialmente cuando usan dosis más altas de Selank.

Método de entrega y dosificación

Selank normalmente se administra **intranasalmente**, lo que permite una rápida absorción en el torrente sanguíneo y el cerebro. También se puede administrar mediante inyección subcutánea, aunque el aerosol nasal es el método preferido.

Dosificación: La dosis nasal típica de Semax es **250 a 500 mcg por pulverización**, usado **1 a 3 veces al día**. Una pulverización en cada fosa nasal, una o dos veces al día suele ser suficiente.

Dosis de **100-300 mcg** una vez al día si se inyecta **subcutáneamente**.

Duración del ciclo: Selank se puede utilizar continuamente para **4 a 6 semanas**, aunque muchos usuarios prefieren usarlo según sea necesario para aliviar la ansiedad o brindar apoyo cognitivo.

Dihexa

Dihexa es otro péptido que está ganando atención por su potencial para promover la salud del cerebro. Dihexa es un neuropéptido que puede cruzar la barrera hematoencefálica, lo que le permite influir directamente en la función cerebral. Se sabe que promueve el crecimiento de nuevas sinapsis, las conexiones entre neuronas, que son fundamentales para el aprendizaje y la memoria. La capacidad de Dihexa para ayudar a la formación sináptica lo hace particularmente útil para personas que buscan mejorar el rendimiento cognitivo o prevenir el deterioro cognitivo asociado con el envejecimiento o las enfermedades neurodegenerativas.

Método de entrega y dosificación

Dehexa se administra comúnmente mediante aplicación transdérmica.

Dosificación: La dosis típica de Dihexa es **8-40 mg** usado **una vez al día**.

Cerebrolysin

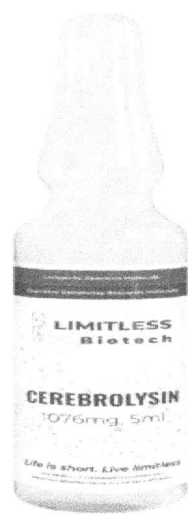

Cerebrolysin es una mezcla de péptidos que contiene factores neurotróficos conocidos por estimular el crecimiento de las neuronas y proteger contra el daño de las células cerebrales. Se ha utilizado en Europa para tratar la enfermedad de Alzheimer, los accidentes cerebrovasculares, las lesiones cerebrales traumáticas y el deterioro cognitivo. Cerebrolysin actúa promoviendo la reparación y regeneración de las células cerebrales, mejorando la función cognitiva y ralentizando la progresión de enfermedades neurodegenerativas. Es particularmente útil para los adultos mayores que buscan preservar sus capacidades cognitivas y mantener la agudeza mental a medida que envejecen.

La capacidad de la Cerebrolysin para cruzar la barrera hematoencefálica la hace particularmente eficaz para mejorar la función cerebral y promover la recuperación de lesiones cerebrales o afecciones neurodegenerativas. Se utiliza ampliamente en Europa y Asia, particularmente en entornos clínicos por sus potentes beneficios cognitivos y neurológicos.

Beneficios

Rendimiento cognitivo: Cerebrolysin mejora la función cognitiva, particularmente en áreas como la memoria, el aprendizaje y la claridad mental. Se utiliza comúnmente para mejorar el rendimiento cognitivo tanto en personas sanas como en personas con deterioro cognitivo.

Neuroprotección: Uno de los beneficios clave de Cerebrolysin es su capacidad para proteger las neuronas del daño causado por el estrés oxidativo, la inflamación y las neurotoxinas. Esto lo hace muy eficaz en el tratamiento de enfermedades neurodegenerativas como el Alzheimer y el Parkinson.

Neuroplasticidad y recuperación: Cerebrolysin promueve la neuroplasticidad, la capacidad del cerebro para formar nuevas conexiones neuronales. Esto es particularmente beneficioso para las personas que se recuperan de un accidente cerebrovascular, lesiones cerebrales traumáticas u otras afecciones neurológicas.

Estabilización del estado de ánimo y claridad cognitiva: Algunos usuarios informan mejoras en el estado de ánimo y la estabilidad emocional cuando usan Cerebrolysin, probablemente debido a sus efectos positivos sobre la función cerebral y el equilibrio neuroquímico.

Método de entrega y dosificación

Cerebrolysin generalmente se administra mediante inyección intramuscular o intravenosa. Su método de administración y dosis dependen de la gravedad de la afección que se está tratando, así como de los objetivos cognitivos del usuario.

Dosificación: La dosis estándar de Cerebrolysin oscila entre **5 a 10 ml por día**.

Para **Lesión cerebral traumática, 20-40 ml por día** se utiliza a menudo.

Para **enfermedad de Alzheimer, 20-40 ml por día** se usa a menudo

Para **Demencia vascular, 20 a 40 ml al día** se utiliza a menudo.

Para **Ataque, 20-40 ml por día** se utiliza a menudo.

Para **mejora cognitiva** o neuroprotección, dosis más pequeñas de **5ml** A menudo se utilizan diariamente o cada dos días.

Duración del ciclo: Cerebrolysin se utiliza normalmente en ciclos de **10 a 20 días**, seguido de un descanso. Para condiciones más graves, se pueden recomendar ciclos de tratamiento más prolongados bajo supervisión médica.

Orexin A

La Orexin A, también conocida como hipocretina-1, es un neuropéptido que ayuda a regular la vigilia, la excitación y el gasto de energía. Se produce en el hipotálamo y es responsable de mantener la vigilia e impedir el sueño. La Orexin A se ha estudiado por su potencial para tratar afecciones como la narcolepsia y la somnolencia diurna excesiva, y también es de interés por su potencial para mejorar la función cognitiva, mejorar la concentración y aumentar el estado de alerta.

Orexin A está ganando atención como un potencial potenciador cognitivo debido a su capacidad para mejorar el estado de alerta mental y los niveles de energía sin el nerviosismo o la dependencia asociados con los estimulantes tradicionales como la cafeína o las anfetaminas.

Beneficios

Desvelo: Orexin A promueve la vigilia y reduce la sensación de fatiga, lo que lo hace ideal para personas que padecen somnolencia diurna excesiva o afecciones como la narcolepsia.

Rendimiento cognitivo: Al mejorar el estado de alerta y la concentración, Orexin A mejora la función cognitiva, particularmente en tareas que requieren atención sostenida y claridad mental.

Energía y estado de ánimo: Orexin A participa en la regulación del gasto energético y el estado de ánimo, lo que lo hace beneficioso para las personas que buscan mejorar los niveles de energía tanto física como mental.

Regulación del apetito: La Orexin A también desempeña un papel en la regulación del apetito, ayudando a equilibrar el hambre y el gasto energético.

Método de entrega y dosificación

La Orexin A normalmente se administra **intranasalmente,** permitiendo una rápida absorción y efectos inmediatos sobre la vigilia y el estado de alerta.

Dosificación: La dosis típica de Orexin A es **100-150 mg por dosis**, usado **una vez al día,** normalmente por la mañana.

PE-22-28

PE-22-28 es un péptido sintético derivado del péptido natural Spadin, que se sabe que modula el canal de potasio TREK-1 en el cerebro. Al bloquear este canal, **PE-22-28** promueve la neuroprotección y la resiliencia al estrés, lo que la convierte en una herramienta valiosa para las personas que enfrentan estrés, ansiedad o deterioro cognitivo. También se ha estudiado por sus efectos antidepresivos y su potencial para mejorar el estado de ánimo y la función cognitiva.

PE-22-28 actúa promoviendo la neurogénesis (la formación de nuevas neuronas) y protegiendo el cerebro de los efectos dañinos del estrés crónico y la neuroinflamación. Esto lo hace particularmente útil para personas que buscan mejorar su salud mental, su rendimiento cognitivo y su función cerebral en general.

Beneficios

Neuroprotección: PE-22-28 promueve la salud y supervivencia de las neuronas, protegiendo el cerebro del daño causado por el estrés, la inflamación o las neurotoxinas.

Resiliencia al estrés: Al modular el canal de potasio TREK-1, PE-22-28 mejora la capacidad del cerebro para afrontar el estrés, reduciendo los síntomas de ansiedad y promoviendo la resiliencia emocional.

Rendimiento cognitivo: Se ha demostrado que PE-22-28 mejora la función cognitiva, particularmente en áreas como la memoria, el aprendizaje y la claridad mental.

Efectos antidepresivos: Algunos estudios sugieren que PE-22-28 tiene propiedades antidepresivas, lo que lo convierte en un tratamiento potencial para los trastornos del estado de ánimo y la depresión.

Método de entrega y dosificación

PE-22-28 normalmente se administra por vía intranasal.

Dosificación: La dosis estándar es **400 mcg**, administrado mediante aerosol nasal **una vez al día**, preferiblemente por la mañana.

Duración del ciclo: PE-22-28 se utiliza normalmente en ciclos de **4 a 6 semanas**, seguido de un descanso.

FGL

FGL (péptido similar al factor de crecimiento de fibroblastos) es un péptido sintético diseñado para imitar los efectos del factor de crecimiento de fibroblastos natural (FGF) implicado en la promoción de la neuroplasticidad y la función cognitiva. Se ha estudiado el FGL por su capacidad para mejorar la memoria, el aprendizaje y la función cerebral general al promover la formación de nuevas conexiones sinápticas entre las neuronas. Es de particular interés por su potencial para tratar afecciones neurodegenerativas, como la enfermedad de Alzheimer, y para mejorar el rendimiento cognitivo en individuos sanos.

Al mejorar la neuroplasticidad, FGL respalda la capacidad del cerebro para adaptarse, aprender y recuperarse de lesiones o deterioro cognitivo.

Beneficios

Memoria y aprendizaje: FGL promueve la formación de nuevas conexiones neuronales, mejorando la retención de la memoria y las capacidades de aprendizaje. Es particularmente eficaz para personas que buscan mejorar el rendimiento cognitivo o recuperarse de lesiones cerebrales.

Neuroplasticidad: FGL respalda la capacidad natural del cerebro para formar nuevas sinapsis, lo cual es fundamental para el aprendizaje, la memoria y la recuperación de afecciones neurodegenerativas.

Neuroprotección: FGL protege las neuronas del daño causado por la inflamación, el estrés oxidativo o las neurotoxinas, lo que lo hace valioso para prevenir el deterioro cognitivo o las enfermedades neurodegenerativas.

Rendimiento cognitivo: Al mejorar la función cerebral, FGL mejora la claridad mental, la concentración y el rendimiento cognitivo general.

Método de entrega y dosificación

El FGL normalmente se administra mediante inyección subcutánea.

Dosificación: La dosis estándar de FGL es **100 a 500 mcg por inyección**, tomado **1 o 2 veces al día**.

Duración del ciclo: FGL se utiliza normalmente en ciclos de **4 a 8 semanas**, dependiendo de los objetivos cognitivos del usuario y la respuesta al péptido.

5.4 Péptidos para la longevidad y el antienvejecimiento

A medida que las personas buscan formas de vivir vidas más sanas y más largas, los péptidos han surgido como una herramienta prometedora para frenar los efectos del envejecimiento e incluso revertir algunos de los daños que conlleva. A medida que envejecemos, la producción corporal de péptidos clave disminuye, lo que provoca una curación más lenta, una disminución de la energía y la degradación de los tejidos. Los péptidos utilizados en terapias antienvejecimiento ayudan a abordar estos problemas al reponer el suministro natural del cuerpo y mejorar la función celular e inmune.

Epitalon

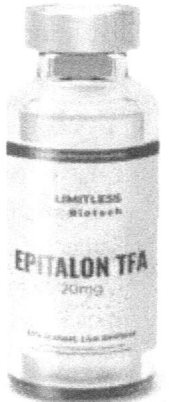

Uno de los péptidos con propiedades antienvejecimiento más prometedores es **Epitalon**, también conocido como **Epithalon**. Actúa estimulando la producción de una enzima llamada telomerasa, que ayuda a mantener la longitud de los telómeros. Los telómeros son tapas protectoras en los extremos de los cromosomas que se acortan a medida que envejecemos. Los telómeros acortados están relacionados con el envejecimiento y las enfermedades relacionadas con la edad. Al promover el alargamiento de los telómeros, **Epitalon** tiene el potencial de ralentizar el envejecimiento a nivel celular, lo que puede conducir a mejoras en la vitalidad general, la salud de la piel e incluso la longevidad. También regula el ciclo sueño-vigilia mejorando la producción de melatonina, que se deteriora con la edad.

Epitalon ha ganado popularidad por su capacidad para promover la reparación celular, estimular la función inmune, regular los ritmos circadianos y retardar el proceso de envejecimiento a nivel celular.

Beneficios

Extensión de los telómeros: El beneficio más significativo de Epitalon es su capacidad para activar la telomerasa, que alarga los telómeros y protege las células del envejecimiento. Los telómeros más largos se asocian con una mayor vida útil celular y una mayor longevidad general.

Antienvejecimiento: Epitalon ayuda a retrasar el proceso de envejecimiento promoviendo la reparación y regeneración celular. Mejora la función de órganos clave, estimula la salud inmunológica y mejora la capacidad del cuerpo para mantener la homeostasis a medida que envejece.

Mejora del sueño y del ritmo circadiano: Se ha demostrado que Epitalon regula la producción de melatonina, lo que ayuda a normalizar los ciclos del sueño y mejorar la calidad del sueño, especialmente en adultos mayores.

Función inmune: Epitalon estimula la función del sistema inmunológico al estimular la actividad de la glándula pineal, que ayuda a regular los mecanismos de defensa del cuerpo. Esta función inmune mejorada puede ayudar a proteger contra enfermedades e infecciones relacionadas con la edad.

Protección potencial contra el cáncer: Algunas investigaciones sugieren que Epitalon puede reducir el riesgo de cáncer al proteger el ADN del daño y respaldar los mecanismos naturales de supresión de tumores del cuerpo.

Método de entrega y dosificación

Epitalon se administra más comúnmente mediante inyección subcutánea, aunque también se puede tomar por vía oral. Sin embargo, **formas inyectables** generalmente se consideran más eficaces ya que las formulaciones orales descompondrían el péptido.

Dosificación: La dosis típica de Epitalon para el antienvejecimiento es **1 a 3 mg por día**, administrado por **10 a 20 días**. Este ciclo se puede repetir cada **6 a 12 meses**, dependiendo de los objetivos y el estado de salud del usuario.

Ben Greenfield recomienda **10 mg** de **Epitalon** inyectado por vía subcutánea tres veces por semana durante tres semanas seguidas y **una vez al año**.

Duración del ciclo: Epitalon generalmente se toma en ciclos cortos, generalmente una o dos veces al año. Cada ciclo dura **10 a 20 días**, con una pausa intermedia para prevenir la desensibilización y mantener la eficacia a largo plazo.

Thymalin

Thymalin es otro péptido utilizado para promover la longevidad al estimular la función del sistema inmunológico. La Thymalin es un péptido tímico derivado de la glándula timo, un órgano que desempeña un papel clave en la regulación del sistema inmunológico. A medida que envejecemos, el timo se reduce, lo que provoca una disminución de la función inmunológica. Timalin actúa estimulando la producción y actividad de las células T, que son esenciales para una respuesta inmune saludable y para combatir infecciones. Esto lo convierte en un péptido importante tanto para el apoyo inmunológico como para fines antienvejecimiento.

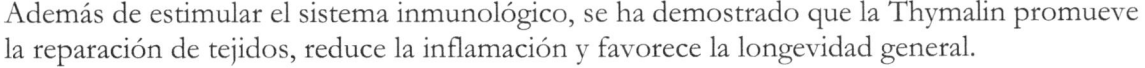

Además de estimular el sistema inmunológico, se ha demostrado que la Thymalin promueve la reparación de tejidos, reduce la inflamación y favorece la longevidad general.

Beneficios

Función inmune mejorada: La Thymalin mejora la producción y la actividad de las células T, que son esenciales para combatir infecciones, virus y el deterioro inmunológico relacionado con la edad. Este apoyo inmunológico ayuda a proteger contra enfermedades relacionadas con la edad y mejora la capacidad del cuerpo para curarse y repararse a sí mismo.

Efectos antienvejecimiento: Al promover la salud inmunológica y reducir la inflamación, la Thymalin ayuda a retrasar el proceso de envejecimiento a nivel celular. Mejora la resistencia del cuerpo al estrés, favorece la regeneración de tejidos y ayuda a mantener una vitalidad juvenil.

Inflamación reducida: La Thymalin tiene potentes propiedades antiinflamatorias, lo que ayuda a reducir la inflamación crónica que puede acelerar el proceso de envejecimiento y contribuir a enfermedades relacionadas con la edad como la artritis, las enfermedades cardiovasculares y los trastornos neurodegenerativos.

Reparación y regeneración de tejidos: Timalin promueve la reparación de tejidos dañados y acelera la cicatrización de heridas, lo que lo hace valioso para personas que se recuperan de lesiones o cirugías, particularmente en adultos mayores.

Método de entrega y dosificación

La Thymalin generalmente se administra mediante inyección subcutánea, a menudo en combinación con otros péptidos como Epitalon para mejorar los beneficios antienvejecimiento.

Dosificación: La dosis estándar de Thymalin para apoyo inmunológico y antienvejecimiento es **10 a 20 mg por día**, tomado por **5 a 10 días**. Este ciclo se puede repetir cada **4 a 6 meses**, dependiendo del estado de salud y los objetivos del usuario.

Duración del ciclo: La Thymalin se usa comúnmente en ciclos cortos de **5 a 10 días**, repetido cada pocos meses para mantener la salud inmunológica y los beneficios antienvejecimiento.

Dosis recomendada para la combinación de Epitalon y Thymalin: 5 mg de Thymalin y Epitalon respectivamente, una vez al día durante 20 días seguidos, repetidos cada 6 meses.

GHK-Cu

GHK-Cu (péptido de cobre) es un péptido natural que desempeña un papel vital en la cicatrización de heridas, la reparación de tejidos y la salud de la piel. Fue descubierto por primera vez en la década de 1970 y desde entonces se ha vuelto ampliamente conocido por sus propiedades regenerativas, particularmente en las áreas de rejuvenecimiento de la piel, antienvejecimiento y reparación celular. GHK-Cu promueve la producción de colágeno, reduce la inflamación y mejora la comunicación celular, lo que lo convierte en un péptido clave para mejorar la elasticidad de la piel, reducir las arrugas y respaldar la salud celular en general.

El GHK-Cu se utiliza a menudo en productos cosméticos por sus efectos rejuvenecedores de la piel, pero sus beneficios van mucho más allá del cuidado de la piel. Se ha demostrado que promueve la regeneración de tejidos, mejora la función inmune e incluso protege el ADN del daño, lo que lo convierte en una poderosa herramienta para la longevidad y el antienvejecimiento.

Beneficios

Rejuvenecimiento de la piel: GHK-Cu es conocido por su capacidad para promover la producción de colágeno, mejorar la elasticidad de la piel y reducir la aparición de líneas finas y arrugas. También ayuda a atenuar las cicatrices y la hiperpigmentación, lo que lo hace popular en las rutinas de cuidado de la piel antienvejecimiento.

Cicatrización de heridas y reparación de tejidos: GHK-Cu acelera la cicatrización de heridas promoviendo la regeneración de tejidos y reduciendo la inflamación. Ayuda a la capacidad del cuerpo para reparar tejidos dañados, lo que lo hace valioso para las personas que se recuperan de lesiones o cirugías.

Efectos antiinflamatorios: GHK-Cu tiene potentes propiedades antiinflamatorias, lo que ayuda a reducir la inflamación crónica que contribuye al envejecimiento y las enfermedades relacionadas con la edad.

Reparación Celular y Protección del ADN: GHK-Cu protege las células del daño oxidativo y promueve la reparación del ADN dañado, lo que ayuda a retrasar el proceso de envejecimiento a nivel celular. Esto lo convierte en un actor clave en los protocolos de longevidad y antienvejecimiento.

Crecimiento del cabello: También se ha demostrado que GHK-Cu promueve el crecimiento del cabello al estimular los folículos pilosos y mejorar la salud del cuero cabelludo, lo que lo hace valioso para personas que enfrentan pérdida o adelgazamiento del cabello.

Método de entrega y dosificación

GHK-Cu se puede administrar de varias formas, incluidas cremas tópicas, sueros e inyecciones subcutáneas. Las formas tópicas se utilizan normalmente para el rejuvenecimiento de la piel, mientras que las formas inyectables se utilizan para obtener beneficios sistémicos como la reparación de tejidos y la regeneración celular.

Dosis tópica: Cuando se usa tópicamente, GHK-Cu generalmente se aplica en concentraciones de **0,5%–1%** en sueros o cremas, aplicados una o dos veces al día para el rejuvenecimiento de la piel.

Dosis inyectable: Cuando se administra mediante inyección, la dosis estándar de GHK-Cu es **2 a 5 mg por inyección**, tomado una vez al día durante **4 a 6 semanas**, dependiendo de los efectos deseados.

Duración del ciclo: Para fines antienvejecimiento y rejuvenecimiento de la piel, GHK-Cu se puede usar continuamente en formas tópicas, mientras que las formas inyectables generalmente se ciclan para **4 a 6 semanas**, seguido de un descanso.

Humanin

La humanina es un pequeño péptido derivado de mitocondrias que se descubrió por primera vez en las células del cerebro Humanin. Ha llamado la atención por su capacidad para proteger las células del estrés oxidativo, la inflamación y la apoptosis (muerte celular), todos los cuales contribuyen de manera importante al proceso de envejecimiento. La humanina desempeña un papel importante en la salud mitocondrial, que es esencial para la producción de energía, la reparación celular y la longevidad general.

Las mitocondrias, a menudo denominadas las "centrales eléctricas" de la célula, desempeñan un papel crucial en el envejecimiento. A medida que envejecemos, la función mitocondrial disminuye, lo que lleva a una reducción de los niveles de energía, un aumento del daño celular y el desarrollo de enfermedades relacionadas con la edad. Humanin ayuda a combatir estos efectos mejorando la función mitocondrial, protegiendo las células del daño y promoviendo la longevidad general.

Beneficios

Protección mitocondrial: **Humanin** ayuda a proteger las mitocondrias del estrés oxidativo, reduciendo el daño celular y promoviendo la producción de energía. Esto ayuda a mejorar la salud celular y retrasar el proceso de envejecimiento.

Neuroprotección: Se ha demostrado que la humanina protege las neuronas del daño causado por el estrés oxidativo, la inflamación y las neurotoxinas. Esto lo hace particularmente valioso para las personas que buscan prevenir o ralentizar enfermedades neurodegenerativas como la enfermedad de Alzheimer y Parkinson.

Longevidad mejorada: Al promover la salud mitocondrial y proteger las células del daño, Humanin tiene el potencial de aumentar la esperanza de vida y la salud, permitiendo a las personas vivir vidas más largas y saludables.

Inflamación reducida: Humanin tiene propiedades antiinflamatorias que ayudan a reducir la inflamación crónica, un factor clave del envejecimiento y las enfermedades relacionadas con la edad.

Dosis recomendada

Humanin se administra comúnmente a través de **inyección subcutánea.**

Dosificación: La dosis estándar de Humanin es **1 a 5 mg por inyección**, administrado **una vez al día o cada dos días**. Para la neuroprotección y la salud mitocondrial, a menudo se utilizan dosis más bajas durante períodos más prolongados.

Duración del ciclo: Humanin se puede utilizar en ciclos de **4 a 6 semanas**, seguido de un descanso para evaluar la respuesta del usuario y ajustar la dosis según sea necesario.

TB-4/TB-500

Thymosin Beta-4 es una versión sintética de un péptido natural que se encuentra en casi todas las células humanas. Es conocido por su poderosa capacidad para promover proliferación y migración celular, reparación de tejidos, reducción de la inflamación y mejora de la regeneración celular. Si bien se usa ampliamente por sus propiedades curativas en lesiones de músculos, tendones y ligamentos, también desempeña un papel clave en el apoyo a la longevidad al promover la salud general de los tejidos y reducir la inflamación relacionada con la edad.

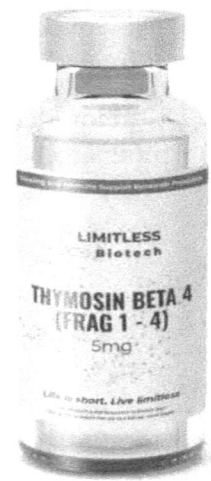

Es particularmente valioso para personas mayores o atletas que se recuperan de lesiones, ya que acelera el proceso de curación, mejora la movilidad de las articulaciones y favorece la salud de los tejidos a largo plazo. Sus efectos sistémicos sobre la reparación y regeneración de tejidos lo convierten en un péptido fundamental para quienes buscan mejorar tanto el rendimiento como la longevidad.

Beneficios

Mayor flexibilidad y movilidad: Al promover la reparación de tejidos y reducir la inflamación, mejora la flexibilidad y movilidad de las articulaciones, lo que es particularmente beneficioso para las personas que padecen rigidez o dolor en las articulaciones relacionado con la edad.

Reparación de tejidos: Promueve la migración de células al lugar de la lesión, acelerando la curación de músculos, tendones, ligamentos e incluso órganos. Esto lo hace invaluable para las personas que se recuperan de lesiones o cirugías, particularmente los adultos mayores.

Inflamación reducida: Tiene fuertes propiedades antiinflamatorias que ayudan a reducir la inflamación crónica, que puede contribuir al proceso de envejecimiento y a enfermedades relacionadas con la edad, como la artritis y las enfermedades cardiovasculares.

Soporte de longevidad: Su capacidad para promover la reparación de tejidos y reducir la inflamación sistémica ayuda a respaldar la salud y la vitalidad a largo plazo, lo que lo convierte en un péptido importante en los protocolos antienvejecimiento y de longevidad.

Método de entrega y dosificación

Generalmente se administra a través de **inyección subcutánea.**

Dosificación: La dosis estándar oscila entre **2 a 5 mg por semana**, dividido en 2-3 inyecciones. Para las personas que se recuperan de lesiones o que buscan beneficios antienvejecimiento, a menudo se usa una dosis de mantenimiento más baja después de la fase de curación inicial.

Duración del ciclo: Se utiliza comúnmente en ciclos de **4 a 8 semanas** para la reparación de tejidos, con una fase de mantenimiento para el apoyo continuo de la salud y la longevidad de las articulaciones.

5.5 Péptidos para la salud sexual

Los péptidos han demostrado un potencial significativo para mejorar la salud sexual tanto de hombres como de mujeres. Al abordar problemas como la libido baja, la disfunción eréctil y el rendimiento sexual en general, estos péptidos brindan un enfoque natural y específico para mejorar el bienestar sexual sin los efectos secundarios asociados con algunos tratamientos tradicionales.

PT-141

PT-141, también conocido como **Bremelanotida**, es un péptido derivado de la hormona melanocortina. Originalmente fue desarrollado por sus propiedades bronceadoras, pero pronto se descubrió que tenía un potente efecto sobre la excitación y el deseo sexual. **PT-141** Actúa estimulando los receptores de melanocortina en el cerebro, que participan en la excitación y el deseo sexual.

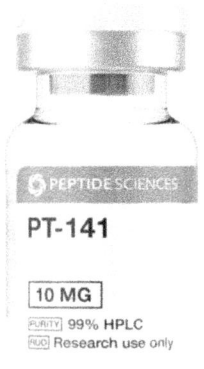

A diferencia de medicamentos como Viagra, que apuntan al flujo sanguíneo, PT-141 influye directamente en el deseo sexual, lo que lo hace eficaz tanto para hombres como para mujeres. En los hombres, ayuda a tratar la disfunción eréctil, mientras que en las mujeres se ha demostrado que aumenta el deseo y la excitación sexual. PT-141 es particularmente útil para personas que no han respondido bien a otros tratamientos o que experimentan baja libido debido a desequilibrios hormonales, estrés o edad.

El enfoque de PT-141 para mejorar la salud sexual es único, ya que no sólo ayuda con el rendimiento físico (como la función eréctil en los hombres), sino que también aumenta la libido y el deseo sexual. Es eficaz tanto para hombres como para mujeres, lo que la convierte en una opción versátil para abordar la disfunción sexual.

Beneficios

Mayor deseo sexual: PT-141 estimula la excitación y el deseo sexual tanto en hombres como en mujeres al actuar sobre los receptores de melanocortina en el cerebro. Los usuarios suelen informar de un aumento de la libido y una respuesta sexual más fuerte después de tomar PT-141.

Función eréctil mejorada: Para los hombres, se ha demostrado que PT-141 mejora la función eréctil, particularmente en los casos en los que los medicamentos tradicionales para la disfunción eréctil no han sido efectivos. Al mejorar la excitación sexual, PT-141 ayuda a los hombres a lograr y mantener erecciones.

Mayor satisfacción sexual para las mujeres: PT-141 es uno de los pocos péptidos que se han estudiado específicamente por sus efectos sobre la salud sexual femenina. Puede mejorar la satisfacción sexual, la excitación y la función orgásmica en las mujeres, lo que la convierte en una opción valiosa para tratar afecciones como el trastorno del deseo sexual hipoactivo (HSDD).

Acción rápida: PT-141 tiene un inicio rápido y los efectos generalmente se sienten entre 30 y 60 minutos después de la administración. Esto lo hace adecuado para su uso bajo demanda antes de la actividad sexual.

Método de entrega y dosificación

PT-141 normalmente se administra mediante inyección subcutánea.

Dosificación: La dosis estándar de PT-141 es **1-2 mg por inyección**, tomado aproximadamente **30 a 60 minutos antes de la actividad sexual**. Se recomienda comenzar con una dosis más baja y ajustarla según la respuesta y tolerancia individual.

Duración del ciclo: PT-141 se puede utilizar según sea necesario, normalmente no más de una vez cada 24 a 48 horas, según la respuesta del usuario y los efectos secundarios. No es necesario un uso continuo, ya que está diseñado para uso bajo demanda.

Kisspeptin

Kisspeptin es otro péptido que está ganando atención por su capacidad para mejorar la salud sexual. Se sabe que estimula la liberación de la hormona liberadora de gonadotropina (GnRH), que desempeña un papel clave en la regulación de hormonas reproductivas como la testosterona y el estrógeno. Kisspeptin puede ayudar a mejorar la fertilidad al aumentar la producción de estas hormonas.

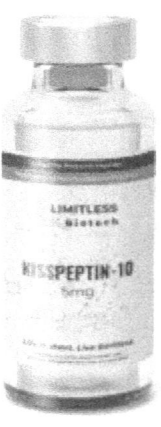

En los hombres, favorece unos niveles saludables de testosterona, que son esenciales para la libido y el rendimiento sexual. En las mujeres, Kisspeptin ayuda a regular el ciclo menstrual y puede mejorar la fertilidad, especialmente en aquellas con desequilibrios hormonales. Al estimular las vías hormonales naturales del cuerpo, Kisspeptin ofrece un enfoque más fisiológico para mejorar la salud sexual y la fertilidad.

Beneficios

Aumento de la producción de testosterona: En los hombres, Kisspeptin estimula la liberación de GnRH, lo que conduce a un aumento de los niveles de la hormona luteinizante (LH) y de la hormona folículo estimulante (FSH). Esto, a su vez, aumenta la producción de testosterona, mejorando la libido, la función sexual y los niveles generales de energía.

Fertilidad: Kisspeptin juega un papel clave en la regulación de la ovulación en las mujeres, lo que ayuda a mejorar la fertilidad. Ayuda a sincronizar la ovulación, fundamental para la concepción.

Producción de esperma: En los hombres, Kisspeptin aumenta la producción de espermatozoides, mejorando el recuento y la motilidad de los espermatozoides.

Regulación de la Salud Reproductiva: Kisspeptin apoya la función general del sistema reproductivo, lo que la hace útil para personas con desequilibrios hormonales o problemas de salud reproductiva, como el síndrome de ovario poliquístico (SOP) o hipogonadismo masculino.

Método de entrega y dosificación

La Kisspeptin normalmente se administra a través de **subcutáneo** inyección.

Dosificación: La dosis estándar de Kisspeptin para estimular la testosterona y la fertilidad varía de **100 a 200 mcg por inyección**, administrado **1 o 2 veces al día**.

Duración del ciclo: Kisspeptin se puede utilizar en ciclos de **4 a 6 semanas** para mejorar la testosterona y la fertilidad. A menudo se utiliza como parte de un protocolo de fertilidad tanto en hombres como en mujeres, con ciclos adaptados a las necesidades de salud reproductiva del individuo.

Melanotan II

Melanotan II son análogos sintéticos de la hormona estimulante de los melanocitos alfa (α-MSH) natural, que participa en la regulación de la pigmentación de la piel. Mientras **Melanotan II** Inicialmente se desarrollaron para promover el bronceado aumentando la producción de melanina, pero han ganado popularidad adicional por sus efectos sobre la función sexual y la mejora de la libido. Melanotan II actúa sobre el sistema de melanocortina, que afecta el deseo sexual. Si bien su uso principal es lograr un bronceado, muchos usuarios informan que el aumento de la libido es un efecto secundario bienvenido. Melanotan II ha demostrado aumentar el deseo sexual y la función eréctil en los hombres, lo que lo convierte en un péptido versátil para quienes buscan beneficios tanto en el bronceado como en la salud sexual.

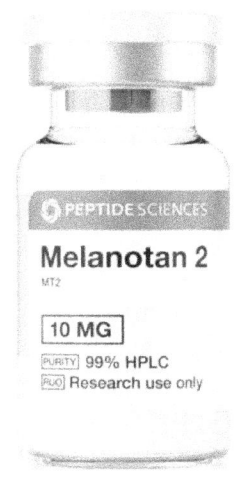

Sin embargo, cabe señalar que Melanotan II debe utilizarse con precaución, ya que puede provocar otros efectos secundarios, como náuseas, en algunos usuarios.

Beneficios

Bronceado de la piel: Melanotan II promueve la producción de melanina en la piel, dando lugar a un bronceado natural sin exposición excesiva al sol. Esto puede ayudar a proteger la piel del daño de los rayos UV.

Aumento de la libido y la excitación sexual: Melanotan II estimula los receptores de melanocortina en el cerebro que participan en el deseo y la excitación sexual. Los usuarios suelen informar de un aumento de la libido y de una mejor función eréctil, lo que la convierte en una opción popular para las personas que buscan mejorar la salud sexual.

Función eréctil: Además de aumentar la libido, se ha demostrado que Melanotan II mejora la función eréctil en los hombres, incluso en aquellos que no responden bien a los tratamientos tradicionales para la disfunción eréctil. Funciona aumentando la excitación sexual a nivel cerebral, en lugar de afectar directamente el flujo sanguíneo como los inhibidores de la PDE5 (Viagra).

Protección contra las quemaduras solares: Al aumentar los niveles de melanina, Melanotan I y II pueden ayudar a proteger la piel de las quemaduras solares y reducir el riesgo de daños cutáneos relacionados con los rayos UV.

Método de entrega y dosificación

Melanotan II se administra mediante **subcutáneo** inyección.

Dosificación: La dosis para mejorar la libido varía desde **0,25 a 1 mg por inyección**, tomado **día por medio**.

Duración del ciclo: Melanotan II se utiliza a menudo de forma más intermitente, según los objetivos o la salud sexual del usuario.

5.6 Péptidos para la inmunidad

Mantener un sistema inmunológico fuerte es importante para la salud en general, especialmente a medida que envejecemos, cuando el sistema inmunológico se debilita, lo que dificulta la lucha contra infecciones y enfermedades. Los péptidos pueden ayudar a estimular la función inmune al estimular las defensas naturales del cuerpo, promover una recuperación más rápida de las infecciones y reducir la inflamación. Esto los hace valiosos para las personas que buscan fortalecer su sistema inmunológico, particularmente aquellos con inmunidad debilitada o enfermedades autoinmunes.

En lugar de depender únicamente de medicamentos que pueden suprimir otras funciones corporales, los péptidos ayudan a fortalecer los propios mecanismos de defensa del cuerpo, preparándolo mejor para defenderse de enfermedades y recuperarse de infecciones.

Thymosin Alpha-1

Thymosin Alpha-1 (Tα1) es un péptido natural derivado de la glándula timo, un órgano que ayuda en el desarrollo y regulación del sistema inmunológico. **Thymosin Alpha-1** Es uno de los péptidos más eficaces para estimular la inmunidad. Actúa estimulando la producción de células T (un tipo de glóbulo blanco), que son un componente clave del sistema inmunológico responsable de combatir infecciones y proteger al cuerpo de patógenos dañinos. La Thymosin Alpha-1 se ha utilizado en el tratamiento de diversas afecciones, incluidas infecciones virales, enfermedades autoinmunes e incluso cáncer. Al aumentar la capacidad del sistema inmunológico para responder a las amenazas, Thymosin Alpha-1 ayuda a las personas a recuperarse más rápidamente de enfermedades y protege contra futuras infecciones.

Beneficios

Activación del sistema inmunológico: La Thymosin Alpha-1 aumenta la actividad de las células T, las células dendríticas y otras células inmunitarias, aumentando los mecanismos de defensa del cuerpo contra infecciones, bacterias y virus.

Tratamiento para infecciones crónicas: La Thymosin Alpha-1 es particularmente eficaz en el tratamiento de infecciones virales crónicas como la hepatitis B, la hepatitis C y el VIH. Ayuda al cuerpo a eliminar infecciones que de otro modo serían difíciles de tratar.

Apoyo al tratamiento del cáncer: Al mejorar la función inmune, la Thymosin Alpha-1 se ha utilizado como terapia complementaria en el tratamiento del cáncer. Ayuda al sistema inmunológico a reconocer y atacar el cáncer.

Manejo de enfermedades autoinmunes: La Thymosin Alpha-1 tiene efectos inmunomoduladores, lo que significa que puede equilibrar la respuesta inmune. Esto es particularmente útil en enfermedades autoinmunes, donde el sistema inmunológico ataca por error los propios tejidos del cuerpo.

Adyuvante de vacuna: Se ha demostrado que la Thymosin Alpha-1 mejora la eficacia de las vacunas al estimular la respuesta inmunitaria, lo que la hace especialmente valiosa en épocas de infecciones generalizadas o campañas de inmunización.

Método de entrega y dosificación

La Thymosin Alpha-1 se administra a través de **subcutáneo** inyección.

Dosificación: La dosis estándar de Thymosin Alpha-1 es **1,5 a 3,2 mg por semana**, dividido en **2-3 inyecciones**. En casos de infección crónica o inmunodeficiencia, la dosis puede ajustarse según la gravedad de la afección.

Duración del ciclo: La Thymosin Alpha-1 se utiliza a menudo en ciclos de **4 a 12 semanas**. En casos de infección crónica, pueden ser necesarios ciclos más largos, con descansos entre ellos para evaluar la función inmune.

LL-37

Otro péptido con fuertes propiedades de estimulación inmunológica es **LL-37**, un péptido antimicrobiano que ayuda al cuerpo a combatir infecciones bacterianas, virales y fúngicas. LL-37 actúa alterando las membranas de patógenos dañinos, lo que les dificulta sobrevivir en el cuerpo. Es conocido por su capacidad no solo para matar patógenos sino también para modular el sistema inmunológico. Este péptido es particularmente útil para personas con infecciones crónicas o aquellas que son más susceptibles a enfermedades debido a un sistema inmunológico debilitado.

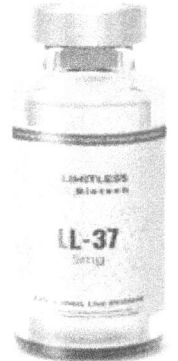

Además de sus propiedades antimicrobianas, LL-37 también mejora la cicatrización de heridas, reduce la inflamación, lo que lo hace útil para controlar afecciones autoinmunes e inflamatorias.

Beneficios

Efectos antimicrobianos de amplio espectro: LL-37 es eficaz contra una amplia variedad de patógenos, incluidos bacterias, virus y hongos.

Modulación inmune: Además de sus propiedades antimicrobianas, LL-37 modula el sistema inmunológico, ayudando a equilibrar las respuestas inmunes y reducir la inflamación excesiva, que puede ser perjudicial en enfermedades autoinmunes.

Curación de heridas: LL-37 promueve la reparación de tejidos y acelera la cicatrización de heridas, lo que lo hace útil para personas que se recuperan de cirugía, lesiones o heridas crónicas.

Efectos antiinflamatorios: LL-37 reduce la inflamación modulando la liberación de citocinas proinflamatorias. Esto lo hace beneficioso para el tratamiento de afecciones inflamatorias como la artritis, la psoriasis y la enfermedad inflamatoria intestinal.

Protección contra bacterias resistentes a los medicamentos: LL-37 es eficaz contra las bacterias resistentes a los antibióticos, lo que lo convierte en una valiosa alternativa o complemento a los antibióticos tradicionales en el tratamiento de infecciones difíciles.

Dosis recomendada

LL-37 se administra a través de **subcutáneo** inyección.

Dosificación: La dosis típica de LL-37 es **100 mcg por inyección**, tomado **2 veces al día**, una vez por la mañana y otra por la noche.

Duración del ciclo: LL-37 se utiliza comúnmente en **Ciclos de 2 a 4 semanas**, según la gravedad de la infección o la afección inmunitaria que se esté tratando.

VIP

Péptido intestinal vasoactivo (VIP) es un neuropéptido que ayuda a regular la función pulmonar, reducir la inflamación y modular la respuesta inmune. **VIP** es conocido por su capacidad para relajar los músculos lisos, dilatar los vasos sanguíneos y reducir la inflamación pulmonar, lo que lo hace particularmente valioso para personas con afecciones respiratorias como asma, enfermedad pulmonar obstructiva crónica (EPOC) e hipertensión arterial pulmonar (PAH).

Las propiedades antiinflamatorias de VIP se extienden más allá de los pulmones, ya que ayuda a reducir la inflamación sistémica, protege contra enfermedades autoinmunes y respalda la función inmune general. Su capacidad única para mejorar la salud pulmonar mientras regula la actividad inmune hace que VIP sea un péptido muy buscado para personas con problemas respiratorios o inflamación crónica.

Beneficios

Apoyo a la salud pulmonar: VIP mejora la función pulmonar al dilatar las vías respiratorias, reducir la inflamación pulmonar y promover un flujo sanguíneo saludable en los pulmones. A menudo se utiliza para tratar enfermedades como el asma, la EPOC y la hipertensión pulmonar.

Efectos antiinflamatorios: VIP reduce la inflamación en los pulmones y en todo el cuerpo al modular la producción de citocinas y la actividad de las células inmunitarias. Esto lo hace beneficioso para personas con afecciones inflamatorias como artritis, enfermedad inflamatoria intestinal y trastornos autoinmunes.

Regulación inmune: VIP ayuda a equilibrar la respuesta inmune, previniendo la inflamación excesiva al mismo tiempo que promueve una defensa adecuada contra infecciones y patógenos. Es particularmente valioso en casos de enfermedades autoinmunes, donde el sistema inmunológico ataca los tejidos sanos.

Oxigenación mejorada: Al dilatar los vasos sanguíneos y aumentar el flujo sanguíneo a los pulmones, VIP mejora el suministro de oxígeno a los tejidos del cuerpo, mejorando los niveles generales de energía y el rendimiento físico.

Dosis recomendada

VIP generalmente se administra a través de **subcutáneo** inyección, aunque también se puede administrar **intranasalmente** para obtener beneficios respiratorios.

Dosificación: La dosis estándar de VIP es **100 a 500 mcg por inyección**, tomado **1 o 2 veces al día**.

el recomendado **La dosis intranasal es de 50 mcg.** rociado dentro de cada fosa nasal hasta **4 veces por día**.

Duración del ciclo: VIP se puede utilizar de forma continua o en ciclos, según el estado de salud del usuario. Para afecciones respiratorias crónicas, puede ser necesario un uso prolongado para mantener la salud pulmonar y reducir la inflamación.

KPV

KPV es un tripéptido compuesto de lisina, prolina y valina, conocido por sus fuertes propiedades antiinflamatorias e inmunoreguladoras. Ha llamado la atención por su capacidad para reducir la inflamación y promover la curación en una variedad de afecciones, incluida la enfermedad inflamatoria intestinal, la psoriasis y otros trastornos autoinmunes. KPV actúa inhibiendo las citoquinas proinflamatorias, reduciendo así la inflamación y favoreciendo la reparación de los tejidos.

La KPV se utiliza a menudo como tratamiento complementario para afecciones inflamatorias y autoinmunes, y ofrece un enfoque natural para reducir la inflamación crónica sin los efectos secundarios asociados con los medicamentos antiinflamatorios tradicionales.

Beneficios

Potentes efectos antiinflamatorios: KPV es muy eficaz para reducir la inflamación al inhibir la producción de citoquinas proinflamatorias. Esto lo hace valioso para el tratamiento de afecciones como la artritis, la psoriasis y la enfermedad inflamatoria intestinal.

Modulación inmune: KPV ayuda a regular el sistema inmunológico, previniendo respuestas inmunes excesivas que pueden provocar brotes autoinmunes o inflamación crónica.

Curación de heridas: KPV promueve la reparación de tejidos y acelera la cicatrización de heridas, lo que lo hace útil para personas que se recuperan de lesiones o cirugía.

Tratamiento para afecciones de la piel: Se ha demostrado que KPV mejora la salud de la piel al reducir la inflamación y promover la curación en afecciones como el eczema, la psoriasis y el acné.

Método de entrega y dosificación

KPV se puede administrar de varias formas, incluidas **subcutáneo** inyecciones, **cápsulas orales**, o **cremas tópicas**.

Dosificación: La dosis estándar de KPV es **1-2 mg por inyección**, tomado **1 o 2 veces al día**. Para afecciones inflamatorias de la piel, KPV se puede aplicar tópicamente en forma de crema, generalmente **una vez al día**.

Duración del ciclo: KPV se utiliza normalmente en ciclos de **4 a 6 semanas**, dependiendo de la condición del usuario y la respuesta al péptido.

ARA-290

ARA-290 es un péptido sintético derivado de la eritropoyetina (EPO); una hormona implicada en la producción de glóbulos rojos. Sin embargo, a diferencia de la EPO, ARA-290 no afecta la producción de glóbulos rojos, sino que se centra en promover la reparación de los nervios, reducir la inflamación y modular el sistema inmunológico. Se ha demostrado que mejora los síntomas en afecciones como la sarcoidosis, el dolor crónico y la neuropatía, lo que lo convierte en un péptido valioso para las personas que padecen daño nervioso y afecciones inflamatorias crónicas.

La capacidad única de ARA-290 para proteger y reparar los nervios, reducir la inflamación y modular las respuestas inmunitarias lo convierte en una opción prometedora para el tratamiento de trastornos autoinmunes y afecciones neuroinflamatorias.

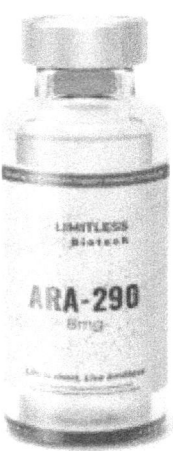

Beneficios

Reparación y protección de nervios: ARA-290 promueve la reparación y regeneración de los nervios dañados, lo que lo hace útil para afecciones como neuropatía, dolor crónico y enfermedades neurodegenerativas.

Efectos antiinflamatorios: ARA-290 reduce la inflamación modulando el sistema inmunológico e inhibiendo las citoquinas proinflamatorias. Esto lo hace beneficioso para el tratamiento de afecciones inflamatorias crónicas, como la sarcoidosis o enfermedades autoinmunes.

Manejo mejorado del dolor: Se ha demostrado que ARA-290 reduce el dolor crónico asociado con el daño a los nervios, ofreciendo alivio a personas con dolor neuropático u otros síndromes de dolor.

Modulación del sistema inmunológico: Al equilibrar la respuesta inmune, ARA-290 ayuda a prevenir la inflamación excesiva al mismo tiempo que respalda la capacidad del cuerpo para combatir infecciones y reparar tejidos dañados.

Dosis recomendada

ARA-290 se administra a través de **subcutáneo** inyección, generalmente en el área abdominal.

Dosificación: La dosis estándar de ARA-290 es **5 mg por inyección**, tomado **una vez al día** para la reparación de nervios y la modulación inmune. Se pueden utilizar dosis más bajas para el tratamiento de la inflamación crónica.

Duración del ciclo: ARA-290 se utiliza normalmente en ciclos de **4 a 6 semanas**, dependiendo de la afección que se esté tratando y de la respuesta del usuario al péptido.

SS-31

SS-31, también conocido como **elamipretida,** es un péptido dirigido a las mitocondrias que ha llamado la atención por su capacidad para proteger y reparar las mitocondrias, los orgánulos productores de energía en las células. Al mejorar la función mitocondrial, SS-31 ayuda a reducir el estrés oxidativo, mejorar la producción de energía celular y respaldar la salud y la longevidad en general. La disfunción mitocondrial es una característica del envejecimiento y de muchas enfermedades crónicas, incluidos los trastornos neurodegenerativos, las enfermedades cardiovasculares y las deficiencias inmunitarias.

La capacidad del SS-31 para restaurar la salud mitocondrial y reducir la inflamación lo convierte en un péptido poderoso para personas que buscan estimular la función inmune, proteger contra enfermedades relacionadas con la edad y mejorar la vitalidad general.

Beneficios

Función mitocondrial mejorada: SS-31 mejora la producción de energía mitocondrial, reduciendo el estrés oxidativo y mejorando la salud celular en general. Esto lo hace útil para personas que padecen disfunción mitocondrial, fatiga crónica o afecciones neurodegenerativas.

Antienvejecimiento y longevidad: Al proteger las mitocondrias del daño, SS-31 ayuda a retrasar el proceso de envejecimiento y reducir el riesgo de enfermedades relacionadas con la edad como el Alzheimer, el Parkinson y las enfermedades cardiovasculares.

Inflamación reducida: SS-31 tiene potentes propiedades antiinflamatorias, lo que ayuda a reducir la inflamación crónica y respalda la salud inmunológica.

Neuroprotección: SS-31 protege las neuronas del daño oxidativo y apoya la salud del cerebro, lo que lo hace beneficioso para personas que padecen enfermedades neurodegenerativas o deterioro cognitivo.

Método de entrega y dosificación

SS-31 se administra a través de **inyección subcutánea**, generalmente en el área abdominal.

Dosificación: La dosis estándar de SS-31 es **5 a 10 mg por inyección**, tomado **una vez al día**.

Duración del ciclo: SS-31 se utiliza normalmente en ciclos de **4 a 6 semanas**, seguido de un descanso para evaluar la salud mitocondrial y ajustar la dosis según sea necesario.

5.7 Péptidos para dormir

Dormir bien es esencial para la salud y el bienestar general; sin embargo, muchas personas luchan contra los trastornos del sueño, el insomnio o la mala calidad del sueño. Los péptidos pueden ayudar a mejorar la calidad del sueño al regular los ciclos naturales de sueño-vigilia del cuerpo, promover la relajación y mejorar el sueño profundo y reparador. Para las personas que enfrentan problemas de sueño, los péptidos ofrecen una solución potencial que ataca las causas fundamentales de los trastornos del sueño.

DSIP

Péptido inductor del sueño Delta (DSIP) es un neuropéptido conocido por su capacidad para promover un sueño reparador, particularmente un sueño profundo, que es esencial para la recuperación y la reparación de los tejidos. DSIP actúa regulando el ciclo natural de sueño-vigilia del cuerpo y promoviendo el sueño de ondas delta, que es la fase profunda y reparadora del sueño. Ayuda a reducir el estrés y la ansiedad, dos de los principales factores que pueden interferir en la calidad del sueño.

Al calmar el sistema nervioso y fomentar la relajación, DSIP ayuda a las personas a conciliar el sueño más rápido y a permanecer dormidos por más tiempo, lo que conduce a un sueño más reparador y reparador. DSIP es particularmente útil para personas que tienen problemas para lograr un sueño profundo o que sufren de insomnio.

Beneficios

Promueve el sueño profundo: DSIP aumenta la capacidad del cuerpo para entrar y mantener un sueño profundo, que es necesario para la recuperación física, la consolidación de la memoria y la salud en general.

Calidad del sueño mejorada: Los usuarios suelen informar de un sueño más reparador e ininterrumpido, y se despiertan sintiéndose más renovados y con más energía.

Reducción del estrés: Se ha demostrado que DSIP reduce los niveles de estrés y ansiedad, ayudando a los usuarios a relajarse y conciliar el sueño más fácilmente.

Apoya la recuperación: Dado que el sueño profundo es esencial para la reparación de tejidos y la liberación de la hormona del crecimiento, DSIP puede mejorar la recuperación de la actividad física intensa y promover el bienestar general.

Método de entrega y dosificación

DSIP normalmente se administra a través de **subcutáneo** inyección, generalmente antes de acostarse para alinearse con el ciclo natural de sueño del cuerpo.

Dosificación: La dosis estándar de DSIP es **100 a 300 mcg por inyección**, tomado **30 a 60 minutos antes de acostarse**. Para personas con alteraciones del sueño más graves, se pueden utilizar dosis más altas bajo supervisión médica.

Duración del ciclo: DSIP se puede utilizar de forma intermitente o en ciclos de **4 a 6 semanas**, dependiendo de las necesidades del usuario y la respuesta al péptido.

Epitalon

Epitalon, también conocido como Epithalon, es un péptido sintético derivado del péptido epitalamina natural, que se produce en la glándula pineal. Epitalon es mejor conocido por sus efectos antienvejecimiento. Sin embargo, también desempeña un papel clave en la regulación de la producción de melatonina, lo que ayuda a mejorar la calidad del sueño.

Al normalizar los ritmos circadianos y promover la liberación natural de melatonina, Epitalon ayuda a los usuarios a lograr un sueño más reparador y rejuvenecedor, especialmente en adultos mayores que a menudo experimentan una disminución de los niveles de melatonina.

Beneficios

Calidad del sueño mejorada: Epitalon mejora la capacidad del cuerpo para producir melatonina, que regula el ciclo de sueño-vigilia y promueve un sueño profundo y reparador.

Regulación de los ritmos circadianos: Epitalon ayuda a normalizar los ritmos circadianos, especialmente en adultos mayores que experimentan alteraciones en los patrones de sueño debido a la reducción de la producción de melatonina.

Recuperación mejorada: Al promover un sueño más profundo, Epitalon mejora la recuperación del esfuerzo físico y favorece la salud general.

Método de entrega y dosificación

Epitalon se administra mediante inyección subcutánea, generalmente antes de acostarse para mejorar la producción de melatonina y la calidad del sueño.

Dosificación: La dosis estándar de Epitalon es **1 a 3 mg por día**, administrado por **10 a 20 días**. Este ciclo se puede repetir cada **6 a 12 meses** para un sueño prolongado.

Duración del ciclo: Epitalon se utiliza generalmente en ciclos cortos de **10 a 20 días**, seguido de un descanso.

Thymosin Beta-4

Thymosin Beta-4 (TB-4), conocido principalmente por sus propiedades curativas y de reparación de tejidos, se ha descubierto que mejora el sueño indirectamente al acelerar la recuperación y reducir la inflamación. Cuando el cuerpo se encuentra en un estado de curación o inflamación, puede alterar los patrones de sueño. La capacidad del TB-4 para reducir la inflamación y promover la reparación de tejidos puede ayudar a las personas a dormir mejor, especialmente a quienes se recuperan de lesiones o padecen inflamación crónica.

Beneficios

Inflamación reducida: Los efectos antiinflamatorios del TB-4 ayudan a aliviar el dolor y el malestar que pueden alterar el sueño, especialmente en personas con afecciones crónicas como artritis o lesiones.

Calidad del sueño mejorada: Los usuarios suelen informar de un sueño más reparador debido a la reducción del dolor y a una recuperación más rápida de las lesiones, lo que permite al cuerpo entrar en fases más profundas del sueño.

Relajación Muscular: TB-4 favorece la relajación muscular, reduciendo la tensión y favoreciendo un sueño más reparador.

Recuperación: Al promover la reparación de tejidos y reducir el dolor muscular, TB-4 mejora la recuperación del esfuerzo físico, lo que permite dormir mejor y reducir las molestias nocturnas.

Método de entrega y dosificación

TB-4 se administra mediante inyección subcutánea, generalmente en el área abdominal o cerca del sitio de la lesión para obtener beneficios localizados.

Dosificación: La dosis estándar de TB-4 para el sueño y la recuperación es **2 a 5 mg por semana**, dividido en **2-3 inyecciones**.

Duración del ciclo: TB-4 se utiliza comúnmente en **4 a 8 semanas** ciclos seguidos de una pausa.

5.8 Péptidos para la piel, el cabello y la estética

Muchos péptidos se utilizan por su capacidad para mejorar la apariencia de la piel, el cabello y la estética general. Estos péptidos promueven la producción de colágeno, reducen la inflamación y aumentan la reparación de los tejidos, lo que da como resultado una piel más sana, un cabello más grueso y una apariencia más juvenil.

GHK-Cu

GHK-Cu es uno de los péptidos más conocidos para mejorar la salud de la piel. Es un péptido de cobre que promueve la producción de colágeno, reduce las arrugas y mejora la elasticidad de la piel. Descubierto en la década de 1970, el GHK-Cu se ha convertido desde entonces en un ingrediente popular en productos antienvejecimiento y para el cuidado de la piel debido a su capacidad para promover una piel joven, reducir las líneas finas y aumentar el crecimiento del cabello. GHK-Cu también tiene propiedades antiinflamatorias que ayudan a reducir el enrojecimiento y la irritación de la piel.

Este péptido se usa a menudo en productos para el cuidado de la piel antienvejecimiento, pero también se puede aplicar directamente a heridas o cicatrices para promover la curación y reducir las cicatrices. Además, se ha demostrado que GHK-Cu mejora el crecimiento del cabello al estimular los folículos pilosos y promover un cuero cabelludo más saludable.

Beneficios

Reparación de la piel y curación de heridas: GHK-Cu acelera la cicatrización de heridas promoviendo la regeneración de las células de la piel y reduciendo la inflamación. Esto lo hace muy eficaz para tratar cicatrices, cortes y abrasiones.

Producción de colágeno: Uno de los beneficios más notables del GHK-Cu es su capacidad para estimular la producción de colágeno. Los niveles elevados de colágeno ayudan a mejorar la elasticidad de la piel, reducir las arrugas y restaurar una apariencia más juvenil.

Crecimiento del cabello: GHK-Cu promueve la salud de los folículos pilosos, fomentando el crecimiento de cabello nuevo y reduciendo la caída del cabello. Se ha demostrado que mejora el grosor y la densidad del cabello con el tiempo.

Propiedades antiinflamatorias y antioxidantes.: GHK-Cu ayuda a reducir la inflamación y el estrés oxidativo en la piel, lo que puede conducir a una piel más clara y radiante. Es particularmente beneficioso para personas que padecen afecciones de la piel como acné, eczema o rosácea.

Método de entrega y dosificación

Se puede aplicar GHK-Cu **tópicamente** como parte de un régimen de cuidado de la piel o administrado a través de **subcutáneo** inyección para obtener beneficios sistémicos.

Dosis tópica: GHK-Cu se utiliza normalmente en sueros o cremas en concentraciones de **0,5-1%**, aplicado sobre la piel **una o dos veces al día**.

Dosis inyectable: Para obtener beneficios sistémicos para la piel y el cabello, GHK-Cu se puede administrar por vía subcutánea en una dosis de **2 a 5 mg por inyección**, generalmente tomado **una vez al día** sobre un **Ciclo de 4 a 6 semanas**.

Argireline

Argireline es un péptido al que a menudo se hace referencia como "Botox en botella" debido a su capacidad para reducir la formación de arrugas. Argireline actúa inhibiendo las contracciones musculares, lo que reduce la aparición de líneas finas y arrugas, especialmente alrededor de los ojos y la frente. A diferencia del Botox, Argireline se puede aplicar tópicamente y no requiere inyecciones, lo que lo convierte en una opción conveniente para quienes buscan soluciones antienvejecimiento no invasivas. La Argireline se encuentra comúnmente en sueros y cremas y se puede combinar con otros péptidos para mejorar los efectos antienvejecimiento.

Beneficios:

- **Profundidad de arrugas reducida**: Inhibe la liberación de neurotransmisores para suavizar las líneas finas y las arrugas, especialmente en áreas de alta expresión como la frente y alrededor de los ojos.

- **Firmeza y suavidad de la piel**: Mejora la textura de la piel al relajar los músculos subyacentes, lo que da como resultado una apariencia más firme y suave.
- **Alternativa de Botox no invasiva**: Proporciona efectos similares al Botox sin inyecciones, lo que lo hace accesible para el uso diario en el cuidado de la piel.

Dosis recomendada:

- **Aplicación tópica**: Normalmente formulado en concentraciones del 5 al 10 % en sueros o cremas para aplicación directa en zonas propensas a las arrugas.

Ciclo: Argireline se puede aplicar diariamente como parte de una rutina de cuidado de la piel, y los efectos suelen notarse a las pocas semanas de uso constante.

PTD-DBM

PTD-DBM es un péptido cosmético dirigido específicamente al crecimiento del cabello y la salud de los folículos. Actúa inhibiendo la proteína CXXC5, que puede interferir con la señalización de Wnt/β-catenina, una vía esencial para el crecimiento del cabello. Al bloquear esta proteína, PTD-DBM estimula la regeneración de los folículos pilosos y mejora la salud del cuero cabelludo, lo que lo convierte en un tratamiento prometedor para la caída y el adelgazamiento del cabello. PTD-DBM se utiliza a menudo junto con otros tratamientos promotores del cabello.

Beneficios:

- **Promueve el crecimiento del cabello**: Estimula los folículos pilosos inactivos, lo que produce un cabello más grueso y lleno.
- **Mejora de la salud del cuero cabelludo**: Mejora la condición del cuero cabelludo apoyando la salud de los folículos pilosos y reduciendo la inflamación.
- **Apoya la regeneración del folículo piloso**: PTD-DBM estimula el crecimiento de cabello nuevo en áreas calvas o debilitadas al apuntar a proteínas específicas que inhiben el desarrollo de los folículos pilosos.

Dosis recomendada:

- **Solución tópica** aplicado al cuero cabelludo en una concentración de 0,1 a 0,5.
- Cuando se utiliza en entornos clínicos, PTD-DBM se puede administrar en dosis de 5 a 10 mg por semana, dependiendo del grado de pérdida de cabello, a través de **inyecciones subcutáneas** en el cuero cabelludo.

Ciclo: 8 a 12 semanas de aplicación constante, y los resultados suelen ser visibles dentro de este período. PTD-DBM se puede utilizar en ciclos repetidos para un apoyo continuo en el crecimiento y mantenimiento del cabello.

BPC-157

BPC-157, si bien se conoce principalmente por sus propiedades curativas, también puede mejorar la salud de la piel al promover la reparación de los tejidos y reducir la inflamación. Se ha utilizado para tratar heridas, quemaduras y cicatrices, ayudando a que la piel sane más rápido y reduciendo la apariencia de las cicatrices. BPC-157 mejora el flujo sanguíneo y promueve la regeneración de tejidos, lo que ayuda a la calidad general de la piel y reduce los signos del envejecimiento.

La capacidad de BPC-157 para promover la angiogénesis (la formación de nuevos vasos sanguíneos) aumenta aún más sus beneficios para la reparación de la piel y la salud general de la piel.

Beneficios

Curación de heridas: BPC-157 acelera la curación de las heridas de la piel promoviendo la regeneración de tejidos y reduciendo la inflamación. Es particularmente beneficioso para la recuperación posquirúrgica y la curación de quemaduras, cortes y abrasiones.

Reducción de cicatrices: BPC-157 ayuda a minimizar la formación de cicatrices al promover una síntesis de colágeno más eficiente y reducir la fibrosis (acumulación excesiva de tejido).

Efectos antiinflamatorios: Reduce la inflamación de la piel, lo que puede ser beneficioso para tratar afecciones como el acné, la dermatitis y otros trastornos inflamatorios de la piel.

Regeneración de la piel: BPC-157 favorece la regeneración de las células de la piel, lo que con el tiempo da como resultado una piel más suave y de aspecto más saludable.

Método de entrega y dosificación

Se puede aplicar BPC-157 **tópicamente** o administrado a través de **inyección subcutánea**, dependiendo del efecto deseado.

Dosis tópica: Cuando se aplica tópicamente, BPC-157 generalmente se usa en concentraciones de **250 a 500 mcg** por aplicación, aplicada **una o dos veces al día** a la zona afectada.

Dosis inyectable: Para la cicatrización sistémica de heridas y la regeneración de la piel, la dosis inyectable estándar de BPC-157 es **200 a 400 mcg por inyección**, tomado **una o dos veces al día**. Los ciclos de tratamiento suelen durar **4 a 6 semanas**.

Melanotano I y II

Melanotan I y II son análogos sintéticos de la hormona estimulante de los melanocitos alfa (α-MSH), que regula la pigmentación de la piel. Se utilizan principalmente para estimular el bronceado aumentando la producción de melanina en la piel. La melanina es el pigmento responsable del color de la piel y, al promover su producción, los péptidos Melanotan pueden brindar a los usuarios un bronceado de apariencia natural sin exposición excesiva al sol.

Además de sus efectos bronceadores, algunos usuarios informan que los péptidos Melanotan mejoran la textura de la piel y reducen la aparición de imperfecciones o tono desigual de la piel.

Beneficios

Bronceado de la piel: Melanotan I y II estimulan la producción de melanina, dando lugar a un bronceado gradual y uniforme con una mínima exposición al sol. Esto es especialmente beneficioso para las personas de piel clara que son propensas a quemarse.

Protección UV: Al aumentar los niveles de melanina, los péptidos Melanotan proporcionan una defensa natural contra la radiación UV, reduciendo el riesgo de quemaduras solares y daños en la piel.

Tratamiento del trastorno de pigmentación: Melanotan I y II pueden ayudar a tratar los trastornos de pigmentación como el vitiligo, donde áreas de la piel pierden pigmento y se vuelven más claras.

Mejora de la libido (Melanotan II): Además de sus efectos bronceadores, se ha demostrado que Melanotan II mejora la libido y la excitación sexual al actuar sobre los receptores de melanocortina en el cerebro.

Método de entrega y dosificación

Los péptidos de melanotan se administran a través de **inyección subcutánea,** típicamente en el área abdominal.

Dosis (Melanotan I): Para el bronceado, la dosis típica de Melanotan I es **0,5 a 1 mg por inyección**, tomado **1 o 2 veces por semana**. Es posible que inicialmente se necesiten dosificaciones más frecuentes para aumentar los niveles de melanina.

Dosis (Melanotan II): La dosis estándar de Melanotan II es **0,25 a 1 mg por inyección**, tomado **día por medio**.

5.9 Péptidos para mujeres

Los desequilibrios hormonales pueden afectar a las mujeres en diferentes etapas de la vida, desde irregularidades menstruales hasta la menopausia. Los péptidos ofrecen un enfoque específico para abordar estos desequilibrios, ayudando a las mujeres a mejorar su bienestar general, controlar los síntomas y mejorar su calidad de vida.

Kisspeptin

Kisspeptin es un péptido que desempeña un papel clave en la regulación de las hormonas reproductivas, particularmente estimulando la liberación de la hormona liberadora de gonadotropina (GnRH), que a su vez regula la producción de estrógeno y progesterona. Para las mujeres que enfrentan problemas de fertilidad o desequilibrios hormonales, Kisspeptin puede ayudar a restaurar los niveles hormonales normales y mejorar la salud reproductiva. Se ha mostrado prometedor en el tratamiento de afecciones como el síndrome de ovario poliquístico (SOP), una causa común de infertilidad en las mujeres.

Beneficios

Mejora de la fertilidad: Kisspeptin estimula la ovulación al promover la liberación de GnRH, LH y FSH, lo que mejora la fertilidad en mujeres que luchan contra trastornos ovulatorios.

Equilibrio hormonal: Al regular la liberación de hormonas sexuales, Kisspeptin ayuda a equilibrar los niveles de estrógeno y progesterona, promoviendo ciclos menstruales regulares y reduciendo los síntomas del desequilibrio hormonal.

Soporte para SOP: Kisspeptin se ha mostrado prometedor en la regulación de la ovulación y la reducción de los desequilibrios hormonales en mujeres con síndrome de ovario poliquístico, una causa común de infertilidad.

Salud sexual mejorada: Kisspeptin puede mejorar la libido y la salud sexual al promover niveles hormonales saludables y mejorar la función reproductiva general.

Método de entrega y dosificación

Kisspeptin se administra mediante **subcutáneo** inyección.

Dosificación: La dosis típica de Kisspeptin es **100 a 200 mcg por inyección**, tomado **1 o 2 veces al día**.

Duración del ciclo: Kisspeptin se utiliza a menudo en ciclos de **4 a 6 semanas**, particularmente para mujeres que intentan concebir o regular sus ciclos menstruales.

Péptidos para la menopausia

La menopausia es un proceso biológico natural que marca el final de los años reproductivos de la mujer y que suele ocurrir entre los 45 y 55 años. Se caracteriza por una disminución de los niveles de estrógeno y progesterona, lo que provoca síntomas como sofocos, sudores nocturnos, estado de ánimo. columpios y alteraciones del sueño. Péptidos como **CJC-1295**, **Ipamorelin**, y **GHK-Cu** se han mostrado prometedores en el manejo de los síntomas de la menopausia al apoyar el equilibrio hormonal, mejorar la salud de la piel y el cabello y mejorar el bienestar general.

Estos péptidos estimulan la liberación de la hormona del crecimiento, lo que puede ayudar a aliviar los efectos del deterioro hormonal, promover un mejor sueño y apoyar los procesos antienvejecimiento, especialmente en las mujeres que atraviesan la menopausia.

Beneficios

Alivio de los síntomas: Los péptidos como CJC-1295 e Ipamorelin ayudan a aliviar los síntomas comunes de la menopausia, incluidos los sofocos, los sudores nocturnos y los cambios de humor, al promover el equilibrio hormonal.

Mejora de la salud de la piel y el cabello: GHK-Cu apoya la producción de colágeno, lo que puede ayudar a mejorar la elasticidad de la piel, reducir las arrugas y promover el crecimiento del cabello, abordando las preocupaciones estéticas a menudo asociadas con la menopausia.

Niveles de sueño y energía: Al mejorar la liberación de la hormona del crecimiento y regular los ciclos del sueño, estos péptidos ayudan a las mujeres a lograr una mejor calidad del sueño, mayor energía y un mejor bienestar general.

Método de entrega y dosificación

Los péptidos para la menopausia normalmente se administran mediante inyección subcutánea.

Dosificación: CJC-1295 e Ipamorelin generalmente se dosifican a **100 a 300 mcg por inyección**, tomado **una vez al día**, mientras que GHK-Cu se dosifica a **2 a 5 mg por inyección**, generalmente tomado **una vez al día** para obtener beneficios para la piel y el cabello.

Duración del ciclo: Estos péptidos se utilizan a menudo en ciclos de **8 a 12 semanas**.

PT-141

PT-141 (bremelanotida) es un péptido poderoso que aumenta el deseo y la excitación sexual tanto en hombres como en mujeres al actuar sobre los receptores de melanocortina en el cerebro. Para las mujeres, PT-141 ofrece un tratamiento eficaz para la libido baja, el trastorno del deseo sexual hipoactivo (HSDD) y la disfunción sexual, especialmente aquellas relacionadas con cambios hormonales, como la menopausia. A diferencia de los tratamientos tradicionales de libido que se centran únicamente en el rendimiento físico, PT-141 se dirige a las vías de excitación del cerebro para aumentar el deseo sexual.

Beneficios

- **Aumento de la libido**: PT-141 estimula directamente el deseo y la excitación sexual, lo que lo hace particularmente efectivo para mujeres con libido baja o trastorno de deseo sexual hipoactivo (HSDD).

- **Satisfacción sexual mejorada**: Al mejorar la respuesta sexual, PT-141 puede mejorar la satisfacción sexual general, facilitando que las mujeres alcancen el orgasmo y disfruten de una vida sexual más satisfactoria.

- **Acción rápida**: PT-141 tiene un inicio de acción rápido, normalmente entre 30 y 60 minutos, lo que lo hace adecuado para su uso antes de la actividad sexual.

Método de entrega y dosificación

PT-141 se administra a través de **subcutáneo** inyección, generalmente antes de la actividad sexual.

- **Dosificación**: La dosis estándar de PT-141 para mejorar la libido es **1-2 mg por inyección**, tomado aproximadamente **30 a 60 minutos antes de la actividad sexual**.

- **Duración del ciclo**: PT-141 se puede utilizar según sea necesario, normalmente no más de una vez cada 24 a 48 horas.

5.10 Péptidos para hombres

A medida que los hombres envejecen, experimentan una disminución de los niveles hormonales, especialmente de testosterona. Esta afección, a menudo denominada andropausia o menopausia masculina, puede provocar síntomas como falta de energía, disminución de la libido, cambios de humor y reducción de la masa muscular. Los péptidos se utilizan cada vez más para ayudar a los hombres a abordar estos desequilibrios hormonales y mantener su salud y vitalidad a medida que envejecen.

Gonadorelin

Gonadorelin es un péptido que estimula la producción de la hormona luteinizante (LH), que se encarga de regular la producción de testosterona en los hombres. Al aumentar los niveles de LH, la Gonadorelin ayuda a estimular la producción natural de testosterona del cuerpo, lo que la convierte en un tratamiento eficaz para los hombres que tienen niveles bajos de testosterona. Puede utilizarse como una alternativa a la terapia de reemplazo de testosterona (TRT) tradicional para hombres que desean restaurar sus niveles naturales de testosterona sin depender de hormonas sintéticas.

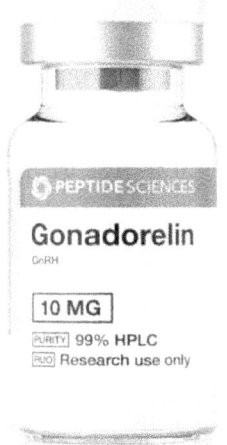

Beneficios

Aumento de la producción de testosterona: La Gonadorelin estimula la liberación de LH y FSH, lo que provoca un aumento natural de los niveles de testosterona. Esto ayuda a mejorar la libido, la energía y la masa muscular.

Fertilidad: Además de aumentar la testosterona, la Gonadorelin favorece la producción de espermatozoides, mejorando la fertilidad en hombres con recuentos bajos de espermatozoides o mala motilidad de los espermatozoides.

Estado de ánimo y claridad mental: Al restaurar el equilibrio hormonal, la Gonadorelin puede ayudar a mejorar el estado de ánimo, reducir los síntomas de depresión y mejorar la función cognitiva.

Método de entrega y dosificación

La Gonadorelin se administra mediante inyección subcutánea o intramuscular.

Dosificación: La dosis típica de Gonadorelin para la estimulación de la testosterona es **100 a 200 mcg por inyección**, tomado **1 o 2 veces al día**.

Duración del ciclo: La Gonadorelin se utiliza a menudo en ciclos de **4 a 6 semanas**.

Kisspeptin

Kisspeptin También juega un papel en la salud hormonal masculina al regular la liberación de GnRH, que a su vez estimula la producción de testosterona. Se ha demostrado que la Kisspeptin mejora la fertilidad en los hombres al promover la producción saludable de esperma y mejorar la salud reproductiva en general.

Para los hombres que experimentan una disminución en los niveles de testosterona debido al envejecimiento u otros factores, Kisspeptin puede ayudar a restablecer el equilibrio y mejorar la libido, el rendimiento sexual y el estado de ánimo.

Beneficios

Aumento de los niveles de testosterona: Kisspeptin aumenta la producción de testosterona, mejorando la libido, la energía y el rendimiento sexual.

Fertilidad: Al estimular la producción de espermatozoides, Kisspeptin puede mejorar la fertilidad en hombres con recuentos bajos de espermatozoides o mala motilidad de los espermatozoides.

Salud sexual mejorada: Kisspeptin mejora el deseo y el rendimiento sexual, lo que la convierte en una herramienta valiosa para los hombres con libido baja o disfunción eréctil.

Método de entrega y dosificación

Kisspeptin se administra mediante **subcutáneo** inyección.

Dosificación: La dosis típica de Kisspeptin para la fertilidad y la mejora de la testosterona es **100 a 200 mcg por inyección**, tomado **1 o 2 veces al día**.

Duración del ciclo: Kisspeptin se utiliza comúnmente en **Ciclos de 4 a 6 semanas**.

PT-141

PT-141 es otro péptido que ha demostrado ser beneficioso para los hombres que padecen disfunción eréctil o libido baja. A diferencia de los medicamentos tradicionales para la disfunción eréctil, que se centran en mejorar el flujo sanguíneo, PT-141 actúa estimulando el deseo sexual. A diferencia de los tratamientos tradicionales para la disfunción eréctil que se centran únicamente en aumentar el flujo sanguíneo al pene, PT-141 actúa estimulando el deseo sexual y aumentando los mecanismos naturales de excitación del cuerpo.

Ha demostrado ser eficaz para los hombres con disfunción eréctil (DE), especialmente aquellos que no han respondido bien a los inhibidores de la PDE5 (como Viagra).

Beneficios

Función eréctil mejorada: PT-141 mejora la función eréctil al aumentar la excitación sexual, lo que lo hace particularmente efectivo para hombres con disfunción eréctil causada por factores psicológicos u hormonales.

Aumento de la libido: PT-141 aumenta el deseo sexual, facilitando a los hombres lograr y mantener erecciones durante la actividad sexual.

Inicio rápido: PT-141 tiene un inicio de acción rápido, generalmente entre 30 y 60 minutos, lo que lo hace adecuado para su uso a pedido antes de la actividad sexual.

Método de entrega y dosificación

PT-141 se administra a través de **subcutáneo** inyección, generalmente antes de la actividad sexual.

Dosificación: La dosis estándar de PT-141 es **1-2 mg por inyección**, tomado **30 a 60 minutos antes de la actividad sexual**.

Duración del ciclo: PT-141 se usa según sea necesario y no debe tomarse más de una vez cada 24 a 48 horas.

CAPITULO 6. PILAS Y COMBINACIONES DE PEPTIDOS

La combinación de péptidos, conocida como apilamiento de péptidos, es una estrategia popular utilizada por personas que buscan mejorar la eficacia de su terapia con péptidos. El apilamiento de péptidos permite a los usuarios lograr resultados y beneficios más significativos que usar un solo péptido, ya sea que su objetivo sea el crecimiento muscular, la pérdida de grasa, el antienvejecimiento, la mejora cognitiva o el apoyo inmunológico. Las pilas generalmente implican dos o más péptidos que se ciclan juntos durante un período específico, seguido de una pausa o un "ciclo de descanso" para permitir que el cuerpo se reinicie. Estos ciclos pueden variar según los objetivos del usuario y los péptidos que se apilen.

Cuando se hace correctamente, el apilamiento de péptidos permite a los usuarios abordar múltiples procesos fisiológicos simultáneamente, lo que genera efectos sinérgicos que superan los beneficios de usar un solo péptido. Sin embargo, para lograr los mejores resultados, es importante comprender cómo interactúan los diferentes péptidos entre sí y cómo ciclarlos de manera efectiva para evitar rendimientos decrecientes o efectos secundarios.

Al apilar péptidos, el objetivo es combinar péptidos que funcionen a través de vías diferentes pero complementarias para lograr una gama más amplia de efectos. Esto permite obtener mejores resultados generales en áreas como el crecimiento muscular, la pérdida de grasa y la recuperación. Por ejemplo, combinar péptidos liberadores de hormona del crecimiento (GHRP) con péptidos que promueven la reparación de tejidos puede resultar en una mejor recuperación de los entrenamientos y un crecimiento muscular más significativo.

6.1 Pilas/combinaciones de péptidos para perder grasa

Ipamorelin + CJC-1295

La combinación de Ipamorelin con CJC-1295 crea una poderosa combinación de pérdida de grasa. Ipamorelin estimula la liberación de la hormona del crecimiento, mientras que CJC-1295 aumenta la duración de esta liberación. Juntos, estimulan el metabolismo y ayudan a reducir la grasa, especialmente cuando se combinan con dieta y ejercicio.

Beneficios:

- **Desglose de grasas:** Estimula la lipólisis liberando la hormona del crecimiento.
- **Preservación muscular:** Ambos péptidos ayudan a retener la masa muscular durante la pérdida de grasa.
- **Mayor energía y metabolismo:** Los usuarios experimentan un aumento en la tasa metabólica, quemando más calorías incluso en reposo.

Dosis recomendada:

- **Ipamorelin:** 200 a 300 mcg por inyección, 1 a 2 veces al día.
- **CJC-1295:** 1 mg por inyección, dos veces por semana.

Ipamorelin + CJC-1295 + AOD-9604

Esta combinación aprovecha las propiedades quemagrasas de la estimulación de la hormona del crecimiento (GH) con los efectos específicos de pérdida de grasa de AOD-9604. Ipamorelin y CJC-1295 desencadenan la liberación de la hormona del crecimiento, lo que ayuda al metabolismo de las grasas y la retención muscular. AOD-9604 aumenta el proceso de quema de grasa sin elevar los niveles de azúcar en sangre, lo que lo hace ideal para quienes desean perder peso y al mismo tiempo preservar la masa muscular magra.

Beneficios:

- **Descomposición de grasas**: Ipamorelin y CJC-1295 promueven la lipólisis mediante la estimulación de GH. AOD-9604 agrega una capa adicional de reducción de grasa, particularmente alrededor de áreas rebeldes como el abdomen.

- **Preservación muscular**: Mientras se centra en la reducción de grasa, la pila ayuda a mantener la masa muscular magra.

- **Aumento del metabolismo**: Los efectos de la hormona del crecimiento sobre el metabolismo permiten quemar calorías incluso en reposo, mientras que AOD-9604 proporciona mecanismos específicos para eliminar las grasas.

Dosificación:

- **Ipamorelin**: 200 a 300 mcg por inyección, 1 a 2 veces al día.
- **CJC-1295**: 1 mg por inyección, dos veces por semana.
- **AOD-9604**: 300 mcg al día, mediante inyección subcutánea.

Semaglutide + MOTS-C + Tesamorelin

Esta pila combina **Semaglutide**, un agonista del receptor GLP-1 que reduce el apetito y promueve la pérdida de peso, **MOTS-C**, un péptido mitocondrial que mejora la oxidación de grasas, y **Tesamorelin**, que se dirige específicamente a la grasa visceral. Juntos, estos péptidos crean una potente combinación de pérdida de grasa para personas que buscan reducir la grasa y controlar la salud metabólica.

Beneficios:

- **Control del apetito**: La Semaglutide ayuda a reducir los antojos y la ingesta de calorías al retrasar el vaciamiento gástrico.

- **Oxidación de grasas**: MOTS-C aumenta la función mitocondrial, lo que permite una quema de grasa más eficiente durante el ejercicio.

- **Reducción de grasa visceral**: Tesamorelin es particularmente eficaz para reducir la grasa abdominal y mejorar la composición corporal.

Método de entrega y dosificación:

- **Semaglutide**: 0,25 a 1,0 mg semanalmente, mediante inyección subcutánea.
- **MOTS-C**: 10 mg por semana, divididos en 2-3 inyecciones.
- **Tesamorelin**: 2 mg al día, mediante inyección subcutánea.

Ciclo: 12 a 16 semanas, con descansos periódicos para controlar la sensibilidad a la insulina y las respuestas metabólicas.

Tirzepatide + Tesofensine + 5-Amino 1MQ

Tirzepatide combina la estimulación de los receptores GLP-1 y GIP para promover la pérdida de grasa y el control metabólico. Emparejado con **Tesofensine**, que suprime el apetito, y **5-Amino 1MQ**, que ayuda al metabolismo celular, esta combinación ofrece un poderoso potencial para quemar grasa mientras mantiene la energía y la concentración durante un régimen de pérdida de peso.

Beneficios:

- **Apetito y metabolismo**: La Tirzepatide y la Tesofensine trabajan juntas para reducir el hambre y al mismo tiempo aumentan la capacidad del cuerpo para quemar grasa.
- **Metabolismo de grasas**: 5-Amino 1MQ estimula la oxidación de grasas al dirigirse a las vías celulares involucradas en el metabolismo.
- **Pérdida de peso sostenida**: Esta combinación garantiza una pérdida constante de grasa manteniendo la masa muscular magra.

Dosificación:

- **Tirzepatide**: 2,5 a 15 mg semanales, mediante inyección subcutánea.
- **Tesofensine**: 0,5 mg por vía oral, al día.
- **5-Amino 1MQ**: 50 a 100 mg por vía oral, por día.

Ciclo: De 8 a 12 semanas para obtener mejores resultados, con descansos para restablecer las respuestas metabólicas.

Tesamorelin + CJC-1295 + MK-677

Esta combinación es ideal para personas que buscan quemar grasa y al mismo tiempo ganar masa muscular magra. **Tesamorelin** y **CJC-1295** Ambos estimulan la liberación de la hormona del crecimiento, promoviendo la pérdida de grasa, mientras que **MK-677** aumenta el apetito y favorece el crecimiento muscular, lo que lo convierte en una combinación equilibrada para la recomposición corporal.

Beneficios:

- **Reducción de grasa y ganancia muscular**: Tesamorelin y CJC-1295 desencadenan el metabolismo de las grasas mientras mantienen o aumentan la masa muscular.
- **Aumento del apetito y recuperación**: MK-677 mejora el apetito y favorece la recuperación de entrenamientos intensos.
- **Metabolismo mejorado**: La combinación acelera el metabolismo, asegurando una quema eficiente de grasas durante todo el día.

Método de entrega y dosificación:

- **Tesamorelin**: 2 mg al día.
- **CJC-1295**: 1 mg dos veces por semana.
- **MK-677**: 10 a 25 mg al día, por vía oral.

Ciclo: 12 a 16 semanas con descanso.

AOD-9604 + Ipamorelin + Tirzepatide

Esta pila aprovecha las capacidades de quema de grasa de **AOD-9604** mientras **Ipamorelin** y **Tirzepatide** acelerar aún más la pérdida de grasa y mejorar el metabolismo. Es una combinación ideal para personas que necesitan un fuerte control del apetito y una reducción de grasa específica.

Beneficios:

- **Reducción de grasa dirigida**: AOD-9604 se centra en áreas de grasa rebelde como el abdomen.

- **Supresión del apetito:** La Tirzepatide frena los antojos y ayuda a los usuarios a seguir dietas restringidas en calorías.

- **Metabolismo de grasas**: Ipamorelin aumenta la descomposición de las reservas de grasa, mejorando la composición corporal general.

Dosificación:

- **AOD-9604**: 300 mcg al día, mediante inyección.

- **Ipamorelin**: 200 a 300 mcg, 1 a 2 veces al día, mediante inyección.

- **Tirzepatide**: 5 mg semanales, vía inyección.

NÓTESE BIEN: Esta lista no es exhaustiva; se pueden ajustar según sus necesidades personales.

6.2 Pilas/combinaciones de péptidos para el crecimiento muscular

CJC-1295 + Ipamorelin + IGF-1 LR3

Esta poderosa combinación/pila se dirige a la producción de la hormona del crecimiento, la proliferación de las células musculares y la recuperación. **CJC-1295** proporciona una liberación sostenida de la hormona del crecimiento, **Ipamorelin** desencadena picos inmediatos de la hormona del crecimiento, y **IGF-1 LR3** Promueve el crecimiento y la regeneración de las células musculares. Juntos, forman una combinación sólida para personas que buscan aumentar la masa muscular, mejorar la fuerza y acelerar la recuperación.

Beneficios:

- **Liberación de hormona de crecimiento:** CJC-1295 mantiene niveles elevados de la hormona del crecimiento, lo que favorece el crecimiento muscular a largo plazo.

- **Reparación y crecimiento muscular:** IGF-1 LR3 aumenta la proliferación de células musculares, acelerando la reparación después de los entrenamientos y promoviendo un crecimiento muscular más denso.

- **Reducción de grasa:** Los efectos de la hormona del crecimiento sobre el metabolismo ayudan a quemar grasa mientras preservan la masa muscular.

Dosificación:

- **CJC-1295:** 1000 mcg dos veces por semana, mediante inyección subcutánea.

- **Ipamorelin:** 200 a 300 mcg, 1 a 2 veces al día, mediante inyección subcutánea.

- **IGF-1 LR3:** 20 a 50 mcg al día, mediante inyección subcutánea, preferiblemente después del entrenamiento.

Ciclo: 8 a 12 semanas con descansos de 4 a 6 semanas.

CJC-1295 + Ipamorelin + BPC-157

Esta pila combina **CJC-1295** y **Ipamorelin** para la liberación sostenida e inmediata de la hormona del crecimiento, junto con **BPC-157** para promover la rápida reparación del tejido y reducir la inflamación. **CJC-1295** Proporciona una liberación constante de la hormona del crecimiento, mientras que **Ipamorelin** Estimula una explosión rápida, mejorando el crecimiento y la recuperación muscular. **BPC-157** los complementa ayudando en la curación y reparación, lo que hace que esta combinación sea ideal para atletas y culturistas centrados en la fuerza y la recuperación.

Beneficios:

- **Crecimiento muscular**: CJC-1295 e Ipamorelin estimulan la liberación de la hormona del crecimiento, lo que ayuda al desarrollo y mantenimiento de los músculos.
- **Recuperación**: BPC-157 acelera la reparación de tejidos, reduce la inflamación y favorece una recuperación más rápida después de los entrenamientos.
- **Riesgo de lesiones reducido**: BPC-157 favorece la salud de las articulaciones, ligamentos y tendones, lo que lo hace ideal para prevenir lesiones por uso excesivo.

Dosificación:

- **CJC-1295**: 1000 mcg dos veces por semana, mediante inyección subcutánea.
- **Ipamorelin:** 200 a 300 mcg, 1 a 2 veces al día, mediante inyección subcutánea.
- **BPC-157**: 200 a 500 mcg al día, mediante inyección subcutánea.

Ciclo: 8 a 12 semanas, con una pausa de 4 a 6 semanas.

CJC-1295 + GHRP-2 + BPC-157

Esta pila de crecimiento y recuperación muscular combina **CJC-1295** y **GHRP-2** para estimular la liberación de la hormona del crecimiento mientras **BPC-157** Promueve la reparación de tejidos. **CJC-1295** proporciona un impulso de la hormona del crecimiento de acción prolongada y **GHRP-2** Ofrece picos inmediatos de GH, lo que mejora el crecimiento muscular y mejora la velocidad de recuperación. **BPC-157** ayuda a reducir la inflamación y favorece la salud de las articulaciones, lo que resulta especialmente útil durante el entrenamiento intenso.

Beneficios:

- **Pérdida de masa muscular y grasa**: CJC-1295 y GHRP-2 estimulan la hormona del crecimiento, promoviendo el crecimiento muscular magro y ayudando a reducir la grasa corporal.
- **Recuperación acelerada**: BPC-157 ayuda a reparar los tejidos dañados y reducir la inflamación, lo que contribuye a una recuperación más rápida.
- **Salud articular mejorada**: BPC-157 soporta ligamentos y tendones, lo que reduce el riesgo de lesiones durante el levantamiento de objetos pesados o el ejercicio intenso.

Dosificación:

- **CJC-1295:** 1000 mcg dos veces por semana, mediante inyección subcutánea.
- **GHRP-2:** 100 a 300 mcg, 1 a 2 veces al día, mediante inyección subcutánea.
- **BPC-157:** 200 a 500 mcg al día, mediante inyección subcutánea.

Ciclo: 8 a 12 semanas, con descansos entre ellas.

CJC-1295 + GHRP-6 + BPC-157

Este combo/stack combina **CJC-1295** y **GHRP-6** para promover la liberación de la hormona del crecimiento con **BPC-157** para la curación de tejidos y la reducción de la inflamación. **CJC-1295** Proporciona una liberación duradera de GH, mientras que **GHRP-6** induce un fuerte apetito, lo que favorece la ganancia muscular para aquellos que buscan aumentar su volumen. **BPC-157** ayuda en la reparación de tejidos, lo que hace que esta pila sea beneficiosa para el crecimiento muscular, la recuperación y la prevención de lesiones.

Beneficios:

- **Liberación de la hormona del crecimiento y desarrollo muscular**: CJC-1295 y GHRP-6 trabajan juntos para apoyar el crecimiento muscular, reducir la grasa y mejorar la recuperación.
- **Apetito mejorado para aumentar el volumen**: GHRP-6 estimula el apetito, lo que facilita satisfacer las mayores necesidades calóricas para el crecimiento muscular.
- **Curación más rápida y reducción de la inflamación**: BPC-157 favorece la recuperación de músculos, tendones y ligamentos, reduciendo el tiempo de inactividad entre sesiones de entrenamiento.

Dosificación:

- **CJC-1295:** 1000 mcg dos veces por semana, mediante inyección subcutánea.
- **GHRP-6**: 100 a 300 mcg, 1 a 2 veces al día, mediante inyección subcutánea.
- **BPC-157:** 200 a 500 mcg al día, mediante inyección subcutánea.

Ciclo: 8 a 12 semanas, con un descanso de 4 semanas entre ciclos.

MK-677 + GHRP-6 + PEG-MGF

Este combo/stack combina **MK-677**, un secretagogo de la hormona del crecimiento oral, con **GHRP-6**, un potente GHRP que aumenta la secreción de GH, y **PEG-MGF**, que potencia la reparación muscular. Esta pila está diseñada para personas centradas en aumentar el volumen, ya que promueve tanto la ganancia muscular como una mejor recuperación.

Beneficios:

- **Ganancia de masa muscular magra:** MK-677 y GHRP-6 estimulan la liberación de GH, favoreciendo la hipertrofia y retención muscular.
- **Recuperación mejorada:** PEG-MGF ayuda en la reparación muscular aumentando la activación de las células satélite, acelerando el proceso de recuperación después de un entrenamiento intenso.

- **Apetito:** GHRP-6 aumenta el apetito y favorece una mayor ingesta calórica necesaria para el crecimiento muscular.

Dosificación:

- **MK-677 (oral):** 10 a 25 mg al día.
- **GHRP-6:** 100 a 200 mcg, 1 a 2 veces al día, mediante inyección subcutánea.
- **PEG-MGF:** 200 a 400 mcg, 2 a 3 veces por semana, mediante inyección subcutánea.

Ciclo: De 12 a 16 semanas para obtener mejores resultados, seguido de un descanso de 4 semanas para restablecer los receptores de la hormona del crecimiento (GH).

TB-500 + BPC-157 + CJC-1295

Esta combinación/combinación se centra en la recuperación y reparación muscular, lo que la hace útil para atletas o culturistas que se recuperan de lesiones o para aquellos que realizan entrenamientos de alta intensidad. **TB-500** y **BPC-157** acelerar la reparación del tejido, mientras **CJC-1295** Aumenta la hormona del crecimiento para ayudar aún más a la recuperación y el crecimiento muscular.

Beneficios:

- **Recuperación de lesiones:** TB-500 y BPC-157 aceleran la curación de lesiones de músculos, tendones y ligamentos.
- **Reparación de tejidos:** CJC-1295 apoya la regeneración muscular a largo plazo al aumentar los niveles de la hormona del crecimiento.
- **Resistencia muscular mejorada:** Esta pila ayuda a que los músculos se recuperen más rápido, lo que permite más

Dosificación:

- **TB-500:** 2 a 5 mg semanales, mediante inyección subcutánea.
- **BPC-157:** 200 a 500 mcg, 1 a 2 veces al día, mediante inyección subcutánea.
- **CJC-1295:** 1000 mcg dos veces por semana, mediante inyección subcutánea.

IGF-1 DES + Folistatina-344 + GHRP-2

Esta potente combinación/combinación de desarrollo muscular se centra en el crecimiento de las células musculares y en la inhibición de la miostatina, una proteína que limita el desarrollo muscular. **IGF-1 DES** y **Folistatina-344** Promueve la hipertrofia muscular fomentando el crecimiento de nuevas fibras musculares y bloqueando la miostatina. **GHRP-2** Apoya la secreción de la hormona del crecimiento para ayudar aún más en la reparación y el crecimiento muscular.

Beneficios:

- **Hipertrofia muscular:** IGF-1 DES y Follistatin-344 aumentan significativamente el crecimiento de las células musculares, lo que conduce a un rápido aumento de tamaño y fuerza.
- **Inhibición de la miostatina:** Follistatin-344 bloquea la miostatina, lo que permite un crecimiento muscular desenfrenado.

- **Hormona de crecimiento aumentada:** GHRP-2 desencadena la liberación natural de GH, aumentando la reparación y el rendimiento muscular.

Dosificación:

- **IGF-1 DES:** 50 a 100 mcg al día, vía **subcutáneo** o inyección intramuscular.
- **Folistatina-344:** 100 mcg diarios durante 10 días, vía **subcutáneo** o inyección intramuscular.
- **GHRP-2:** 100 a 200 mcg, 1 a 2 veces al día, mediante inyección subcutánea.

Ciclo: 8 a 10 semanas para un aumento muscular óptimo, seguido de un descanso de 4 a 6 semanas.

Hexarelin + Ipamorelin + IGF-1 LR3

Combinatorio **Hexarelin**, uno de los péptidos liberadores de hormona del crecimiento más potentes, con **Ipamorelin** y **IGF-1 LR3**, esta combinación aumenta la liberación de la hormona del crecimiento a corto y largo plazo. **Hexarelin** y **Ipamorelin** juntos aseguran un poderoso pico de GH, mientras que **IGF-1 LR3** Promueve el crecimiento y la reparación muscular, lo que hace que esta pila sea eficaz para el desarrollo muscular y la recomposición corporal.

Beneficios:

- **Potente liberación de GH:** Hexarelin proporciona un fuerte aumento de la hormona del crecimiento, complementado con la liberación gradual y sostenida de Ipamorelin.
- **Crecimiento muscular:** IGF-1 LR3 promueve el crecimiento de nuevas células musculares y ayuda a reparar los microdesgarros causados por el entrenamiento intenso.
- **Composición corporal mejorada:** Esta pila favorece la hipertrofia muscular al tiempo que reduce la grasa corporal.

Dosificación:

- **Hexarelin:** 100 a 200 mcg, 1 a 2 veces al día, mediante inyección subcutánea.
- **Ipamorelin:** 200 a 300 mcg, 1 a 2 veces al día, mediante inyección subcutánea.
- **IGF-1 LR3:** 20 a 50 mcg al día, mediante inyección subcutánea.

Ciclo: 8 a 12 semanas con un descanso de 4 semanas.

Hexarelin + TB-500 + PEG-MGF

Este combo/stack está diseñado para un crecimiento y recuperación muscular significativos. **Hexarelin** es un potente péptido liberador de hormona del crecimiento, **TB-500** apoya la reparación de tejidos y reduce la inflamación, y **PEG-MGF** (Factor de crecimiento mecánico pegilado) estimula la reparación y el crecimiento de las células musculares. Esta pila es ideal para atletas y culturistas que buscan optimizar la ganancia muscular, mejorar la velocidad de recuperación y prevenir lesiones.

Beneficios:

- **Liberación maximizada de la hormona del crecimiento**: Hexarelin proporciona un potente aumento de GH, promoviendo el desarrollo muscular y reduciendo las reservas de grasa.

- **Reparación de tejidos y músculos**: TB-500 acelera la curación y favorece la salud del tejido conectivo, lo que lo hace excelente para la prevención de lesiones.
- **Aumento del crecimiento de las células musculares**: PEG-MGF promueve el crecimiento de las fibras musculares y ayuda en la recuperación después de un ejercicio extenuante.

Método de entrega y dosificación:

- **Hexarelin**: 100 a 200 mcg, 1 a 2 veces al día, mediante inyección subcutánea.
- **TB-500**: 2 a 5 mg semanales, mediante inyección subcutánea.
- **PEG-MGF**: 200 a 400 mcg, 2 a 3 veces por semana, inyectados directamente en el músculo después del entrenamiento.

Ciclo: 8 a 12 semanas, con un descanso de 4 semanas para permitir que los receptores de la hormona del crecimiento se restablezcan.

6.3 Pilas/combinaciones de salud cerebral y rendimiento cognitivo

Semax + Selank + Cerebrolysin

Esta combinación de **Semax**, **Selank**, y **Cerebrolysin** se centra en mejorar la función cognitiva, la retención de la memoria y la neuroprotección. **Semax** es un péptido nootrópico conocido por mejorar la concentración y el rendimiento cognitivo, mientras que **Selank** ayuda a reducir la ansiedad y mejora el estado de ánimo. **Cerebrolysin**, una mezcla de neuropéptidos, protege las células cerebrales y promueve la reparación del cerebro, lo que hace que esta combinación sea ideal para aumentar la claridad mental y la salud cerebral a largo plazo.

Beneficios:

- **Enfoque y memoria mejorados**: Semax mejora el enfoque, la atención y la capacidad de aprendizaje. A menudo lo utilizan personas que buscan un rendimiento mental más agudo.
- **Reducción de la ansiedad y el estrés**: Selank funciona como ansiolítico, ayudando a reducir el estrés y la ansiedad, lo que conduce a una mejor función cognitiva general.
- **Neuroprotección y Reparación Cerebral**: Cerebrolysin apoya la reparación de las células cerebrales y protege las neuronas del daño, lo que la hace beneficiosa tanto para la mejora cognitiva como para la neuroprotección.

Dosis recomendada:

- **Semax:** 300 mcg, 2 a 3 veces al día, mediante inyección o aerosol nasal. **aerosol nasal** es el método más común.
- **Selank :** 200 a 300 mcg, 2 a 3 veces al día, mediante inyección o aerosol nasal.
- **Cerebrolysin (inyección):** 5 a 10 ml, 2 a 3 veces por semana, mediante inyección intramuscular o intravenosa.

Ciclo: De 4 a 6 semanas, seguido de un descanso de 2 semanas para comprobar las mejoras cognitivas y la respuesta.

Semax + Selank + Dihexa

Este combo/stack combina **Semax**, **Selank**, y **Dihexa** para aumentar la concentración, reducir la ansiedad y mejorar la conectividad sináptica en el cerebro. **Semax** es conocido por sus efectos de mejora cognitiva, mejorando la memoria y la concentración, mientras que **Selank** reduce el estrés y la ansiedad. **Dihexa** mejora la neuroplasticidad al promover la formación de nuevas sinapsis, lo que es beneficioso para la memoria a largo plazo y la resiliencia cognitiva. Juntos, estos péptidos forman una poderosa pila de apoyo cognitivo ideal para profesionales, estudiantes o cualquier persona que necesite claridad mental sostenida.

Beneficios:

- **Mayor concentración y memoria**: Semax mejora la concentración y la agudeza mental, haciendo que sea más fácil mantenerse concentrado en tareas complejas.
- **Reducción del estrés y la ansiedad**: Selank estabiliza el estado de ánimo, reduce la ansiedad y apoya un estado de calma y concentración, mejorando la función cognitiva general.
- **Neuroplasticidad**: Dihexa apoya la formación de sinapsis, ayudando en la retención de la memoria y la flexibilidad cognitiva, especialmente valiosa para el aprendizaje y la resolución de problemas.

Dosis recomendada:

- **Semax** : 300 mcg, 2 a 3 veces al día, mediante inyección o aerosol nasal. El aerosol nasal se usa comúnmente por conveniencia.
- **Selank:** 200 a 300 mcg, 2 a 3 veces al día, mediante inyección o aerosol nasal
- **Dihexa**: 10 mg al día, mediante inyección oral o intramuscular.

Ciclo: 8 a 12 semanas, con un descanso de 4 semanas para permitir que los receptores se restablezcan, especialmente con Dihexa.

Dihexa + Selank + FGL

Este combo/stack combina **Dihexa**, **Selank**, y **FGL**, todos los cuales promueven la neuroplasticidad, la mejora cognitiva y la formación de la memoria. **Dihexa** es un potente péptido nootrópico que mejora la conectividad sináptica, mientras que **Selank** reduce la ansiedad y el estrés, que a menudo dificultan el rendimiento cognitivo. **FGL** apoya la neuroplasticidad y la retención de la memoria, lo que hace que esta pila sea excelente para la mejora cognitiva y la reparación del cerebro a largo plazo.

Beneficios:

- **Mejora de la neuroplasticidad**: Dihexa y FGL trabajan juntos para mejorar las conexiones sinápticas, apoyando el aprendizaje y la memoria.
- **Estabilización del estado de ánimo**: Selank ayuda a equilibrar el estado de ánimo y reduce el estrés, lo que permite una mejor función cognitiva.
- **Soporte de memoria**: Esta combinación ayuda a formar y retener nuevos recuerdos, lo que la hace ideal para estudiantes, profesionales o personas que se recuperan de lesiones cerebrales.

Dosis recomendada:

- **Dihexa:** 10 mg al día, inyección oral o intramuscular.

- **Selank:** 200 a 300 mcg, 2 a 3 veces al día, mediante inyección o aerosol nasal.
- **FGL:** 100 a 200 mcg, 1 a 2 veces al día, mediante inyección subcutánea.

Ciclo: 8 a 12 semanas, con un descanso de 4 semanas entre ciclos para evitar la acumulación de tolerancia.

Cerebrolysin + Semax + Epitalon

Esta combinación enfatiza la reparación cerebral y la neuroprotección, particularmente para personas con enfermedades neurodegenerativas o deterioro cognitivo. **Cerebrolysin** y **Semax** Estimular la reparación cerebral y la mejora cognitiva, mientras **Epitalon** regula los ritmos circadianos y la producción de melatonina, apoyando tanto la función cerebral como la calidad del sueño, lo cual es esencial para la recuperación cognitiva.

Beneficios:

- **Mejora y reparación cognitiva**: Cerebrolysin mejora la función cerebral estimulando el crecimiento y la reparación de las neuronas, lo que la hace ideal tanto para la mejora cognitiva como para afecciones neurodegenerativas.
- **Enfoque y claridad mental**: Semax aumenta el rendimiento mental al aumentar los niveles de neurotransmisores y mejorar la concentración.
- **Apoyo para dormir**: Epitalon regula la producción de melatonina, asegurando un mejor sueño, lo cual es importante para la reparación del cerebro y la salud cognitiva.

Dosis recomendada:

- **Cerebrolysin:** 5 a 10 ml, 2 a 3 veces por semana.
- **Semax:** 300 mcg, 2 a 3 veces al día, mediante inyección o aerosol nasal.
- **Epitalon (inyectable u oral):** 1 a 3 mg por día, vía **subcutáneo** inyección u **oralmente**, preferiblemente antes de acostarse.

Ciclo: 4 a 6 semanas con un descanso de 2 semanas.

Epitalon + Selank + Dihexa

Este combo/stack se centra en mejorar la función cognitiva y al mismo tiempo respalda la longevidad del cerebro y el bienestar mental general. **Epitalon** mejora la calidad del sueño y regula los ritmos circadianos, fundamentales para la recuperación cognitiva y la neuroprotección. **Selank** reduce la ansiedad y mejora la claridad mental, mientras **Dihexa** Ayuda a las conexiones sinápticas, promoviendo la salud cerebral a largo plazo y la mejora cognitiva.

Beneficios:

- **Longevidad cognitiva**: Epitalon regula el sueño y los ritmos circadianos, apoyando la salud cerebral a largo plazo.
- **Reducción de la ansiedad y el estrés**: Selank promueve un estado mental tranquilo, mejorando la concentración y reduciendo el estrés cognitivo.
- **Apoyo a la neuroplasticidad**: Dihexa mejora la formación sináptica, ayudando con el aprendizaje, la retención de la memoria y la flexibilidad cognitiva.

Dosis recomendada:

- **Epitalon (inyectable u oral):** 1 a 3 mg al día, mediante inyección subcutánea u oral, preferiblemente antes de dormir.
- **Selank:** 200 a 300 mcg, 2 a 3 veces al día, mediante inyección o aerosol nasal
- **Dihexa:** 10 mg al día, por vía oral o mediante inyección intramuscular.

Ciclo: 8 a 12 semanas, seguido de un descanso de 4 semanas para evaluar las mejoras cognitivas.

Semax + CJC-1295 + GHRP-2

Este combo/stack se centra en combinar ayudas cognitivas con apoyo de la hormona del crecimiento para mejorar tanto la función cerebral como la recuperación física. **Semax** agudiza la claridad mental y la memoria, mientras **CJC-1295** y **GHRP-2** Estimula la liberación de la hormona del crecimiento, ayudando en la recuperación general del cerebro y el cuerpo. Esta combinación es útil para personas que buscan mejorar el rendimiento cognitivo mientras se benefician de los efectos regenerativos de la hormona del crecimiento.

Beneficios:

- **Claridad mental y enfoque:** Semax aumenta la agudeza mental y ayuda a mejorar la memoria.
- **Apoyo a la hormona del crecimiento:** CJC-1295 y GHRP-2 ayudan en la recuperación de lesiones cerebrales y deterioro cognitivo al promover la reparación de tejidos y la neurogénesis.
- **Recuperación cognitiva y física general:** Los péptidos de la hormona del crecimiento funcionan sinérgicamente con Semax para mejorar la salud del cerebro y del cuerpo.

Dosis recomendada:

- **Semax:** 300 mcg, 2 a 3 veces al día, por vía intranasal.
- **CJC-1295:** 1000 mcg dos veces por semana, mediante inyección subcutánea.
- **GHRP-2** 100 a 300 mcg, 1 a 2 veces al día, mediante inyección subcutánea.

Ciclo: 8 a 12 semanas, seguido de un descanso de 4 semanas para restablecer los receptores de la hormona del crecimiento.

Dihexa + Orexin A + FGL

Esta pila es una combinación avanzada para la salud del cerebro, que combina **Dihexa** para la conectividad sináptica, **Orexin A** para la vigilia y **FGL** (una molécula mimética de adhesión de células neurales) para mejorar el aprendizaje y la memoria. **Dihexa** Apoya la neuroplasticidad, mejorando la capacidad de aprendizaje y la claridad mental. **Orexin A** Favorece la vigilia, combatiendo la fatiga diurna y la confusión mental. **FGL** apoya la retención de la memoria, lo que hace que esta combinación sea particularmente valiosa para las personas que buscan mejorar la memoria a largo plazo y la concentración sostenida durante todo el día.

Beneficios:

- **Neuroplasticidad y flexibilidad cognitiva:** Dihexa ayuda a las conexiones sinápticas, mejorando la velocidad de aprendizaje y la flexibilidad mental.

- **Mayor estado de alerta y energía**: Orexin A reduce la fatiga, promueve la energía sostenida y mejora la resistencia mental, lo que facilita mantenerse alerta durante períodos prolongados.

- **Mejora de la memoria**: FGL ayuda a la consolidación y retención de la memoria, apoyando la memoria tanto a corto como a largo plazo.

Dosis recomendada:

- **Dihexa:** 10 mg al día, por vía oral o intramuscular.

- **Orexin A:** 10 a 20 mg según sea necesario, por vía intranasal, generalmente por la mañana.

- **FGL:** 100 a 200 mcg al día, mediante inyección subcutánea o intramuscular.

Ciclo: 8 a 12 semanas, con descansos periódicos para Orexin A para prevenir la tolerancia al receptor y mantener los beneficios cognitivos.

Semax + PE-22-28 + Orexin A

Este combo/stack combina **Semax**, **PE-22-28**, y **Orexin A** para apoyo cognitivo, mejora de la memoria y estado de alerta. **Semax** mejora la concentración y el rendimiento cognitivo, mientras **PE-22-28** (un análogo del factor neurotrófico derivado del cerebro) promueve la supervivencia y la neuroplasticidad de las células cerebrales. **Orexin A** mejora la vigilia y la energía mental, lo que hace que esta combinación sea ideal para personas que buscan aumentar el estado de alerta y la claridad cognitiva a lo largo del día.

Beneficios:

- **Rendimiento cognitivo mejorado**: Semax agudiza la concentración, mejora la claridad mental y mejora la retención de la memoria, lo que facilita la realización de tareas complejas.

- **Neuroplasticidad y salud de las células cerebrales**: PE-22-28 apoya el crecimiento y la supervivencia de las células cerebrales, ayudando en la formación de la memoria y la resiliencia cognitiva.

- **Mayor estado de alerta y vigilia**: Orexin A promueve naturalmente la vigilia y los niveles sostenidos de energía, reduciendo la fatiga cognitiva y mejorando la resistencia mental.

Método de entrega y dosificación:

- **Semax**: 300 mcg, 2 a 3 veces al día, mediante inyección o aerosol nasal.

- **PE-22-28:** Inyección subcutánea de 100 a 200 mcg, 1 a 2 veces al día.

- **Orexin A**: 10 a 20 mg, por vía intranasal, generalmente administrado por la mañana o durante períodos de fatiga cognitiva.

Ciclo: 8 a 10 semanas con un descanso de 4 semanas, especialmente para Orexin A para evitar la tolerancia del receptor y mantener su eficacia.

6.4 Pilas/combinaciones de péptidos para la longevidad y el antienvejecimiento

Epithalon + Thymalin + GHK-Cu

Este combo/stack se centra en promover la longevidad y la vitalidad general a través de **Epitalon**, **Thymalin**, y **GHK-Cu**. **Epitalon** es conocido por su capacidad para activar la telomerasa, lo que ayuda a alargar los telómeros y retrasar el envejecimiento celular. **Thymalin** mejora la función inmune y ayuda a revertir parte del deterioro inmunológico relacionado con la edad. **GHK-Cu** es un péptido de cobre que favorece la regeneración celular, la cicatrización de heridas y la salud de la piel, lo que hace de esta combinación una combinación poderosa para personas que buscan aumentar su esperanza de vida.

Beneficios:

- **Extensión de los telómeros**: Epitalon estimula la telomerasa, ayudando a alargar los telómeros, que son cruciales para proteger las células del envejecimiento.

- **Apoyo inmunológico**: La Thymalin estimula la función inmunológica, que normalmente disminuye con la edad, lo que ayuda a proteger contra enfermedades e infecciones relacionadas con la edad.

- **Regeneración Celular y Salud de la Piel**: GHK-Cu mejora la elasticidad de la piel, reduce las arrugas y promueve la reparación de los tejidos, mejorando los signos del envejecimiento tanto internos como externos.

Dosis recomendada:

- **Epitalon**: 1 a 3 mg al día, inyectados por vía subcutánea o intramuscular, durante 10 a 20 días. Este ciclo se puede repetir cada 6 meses.

- **Thymalin:** 10 a 20 mg al día durante 5 a 10 días, inyectados por vía subcutánea.

- **GHK-Cu:** 2 a 5 mg al día, inyectados por vía subcutánea o aplicados **tópicamente** en forma de crema a una concentración de **0,5–1%**.

Ciclo: 10 a 20 días para Epitalon y Thymalin, con un uso continuo más prolongado de GHK-Cu (hasta 4 a 6 semanas). Los ciclos de Epitalon y Thymalin se pueden repetir cada 6 a 12 meses o una vez al año.

Epitalon + BPC-157 + TB-500

Este combo/stack utiliza **Epitalon** para el mantenimiento de los telómeros y la longevidad, **BPC-157** para la reparación de tejidos y efectos antiinflamatorios, y **TB-500** para apoyar la salud del tejido neural y conectivo. **Epitalon** es conocido por su papel en la activación de la telomerasa, lo que puede ayudar a retrasar el envejecimiento celular en el cerebro. **BPC-157** promueve la resiliencia y reparación del cerebro al reducir la inflamación, y **TB-500** apoya la recuperación neuronal, particularmente para personas propensas a la fatiga cognitiva o confusión mental relacionada con la inflamación. Juntos, estos péptidos forman una potente combinación/pila antienvejecimiento que ayuda a proteger la salud del cerebro a largo plazo.

Beneficios:

- **Mantenimiento de los telómeros para la longevidad**: Epitalon activa la telomerasa, apoyando la salud celular y retrasando el envejecimiento a nivel del ADN, promoviendo la longevidad cognitiva.

- **Reparación neuronal y resiliencia**: BPC-157 reduce la inflamación y mejora la recuperación neuronal, protegiendo la función cerebral con el tiempo.

- **Apoyo a los tejidos conectivos y antiinflamatorios**: TB-500 funciona sinérgicamente con BPC-157 para promover la reparación de tejidos y mitigar la inflamación, lo que es útil para reducir la fatiga cognitiva.

Dosis recomendada:

- **Epitalon**: 1 a 3 mg al día durante 10 a 20 días, inyectado por vía subcutánea, preferiblemente administrado por la noche. Este ciclo se puede repetir cada 6 meses.
- **BPC-157**: 200 a 500 mcg al día, inyectados por vía subcutánea.
- **TB-500**: 2 a 5 mg semanales, inyectados por vía subcutánea.
- **Ciclo:** 8 a 12 semanas con un descanso de 4 semanas para BPC-**157** y **TB-500**.

Epitalon + Humanina + GHK-Cu

Este combo/stack de longevidad incluye **Epitalon** para la salud de los telómeros, **Humanin** para combatir el estrés oxidativo y proteger las células cerebrales, y **GHK-Cu** para apoyar la regeneración celular y la producción de colágeno. **Epitalon** ayuda a ralentizar el envejecimiento celular, mientras **Humanin** actúa como un péptido neuroprotector, reduciendo el estrés celular y apoyando la salud mitocondrial. **GHK-Cu** Promueve aún más la reparación celular y reduce la inflamación, lo que hace que esta combinación sea beneficiosa para las personas que buscan mantener la resiliencia cognitiva y la salud del cerebro a medida que envejecen.

Beneficios:

- **Longevidad celular y soporte de telómeros**: Epitalon ayuda a mantener la longitud de los telómeros, retrasa el envejecimiento celular y favorece la salud cognitiva.
- **Protección mitocondrial y reducción del estrés**: La humanina mejora la función mitocondrial, reduce el estrés oxidativo y favorece la supervivencia de las células cerebrales, fundamental para la longevidad.
- **Regeneración Celular y Reducción de la Inflamación**: GHK-Cu promueve la producción de colágeno y la reparación de tejidos, reduciendo la inflamación que puede afectar la salud del cerebro.

Dosis recomendada:

- **Epitalon:** 1 a 3 mg al día durante 10 a 20 días, inyectados por vía subcutánea, tomados por la noche para alinearse con los ritmos circadianos naturales. Este ciclo se puede repetir una vez al año.
- **Humanin**: 5 mg al día, inyectados por vía subcutánea, para apoyar la función mitocondrial.
- **GHK-Cu**: 2 a 5 mg al día, inyectados por vía subcutánea o como **0,5-1% actual** suero.

Ciclo: 8 a 12 semanas, seguido de un descanso de 4 a 6 semanas, particularmente para Epitalon y Humanin.

MOTS-C + Humanina + SS-31 (Elamipretida)

Este combo/stack se centra en la salud mitocondrial y la energía celular, lo que ayuda a ralentizar el proceso de envejecimiento. **MOTS-C** y **Humanin** Son péptidos mitocondriales que aumentan la producción de energía y protegen las células del estrés oxidativo. **SS-31 (elamipretida)** es un péptido dirigido a las mitocondrias que ayuda a mejorar la función mitocondrial, reduce la inflamación y protege las células del daño relacionado con la edad, lo que hace que esta pila sea útil para mejorar la longevidad a nivel celular.

Beneficios:

- **Salud y energía mitocondrial**: MOTS-C y Humanin mejoran la función mitocondrial, apoyando niveles más altos de energía y reduciendo el riesgo de fatiga y enfermedades relacionadas con la edad.
- **Protección contra daños celulares**: SS-31 protege las mitocondrias del estrés oxidativo y reduce la inflamación, que son los principales contribuyentes al envejecimiento.
- **Mejora de la esperanza de vida y la salud**: Juntos, estos péptidos apoyan vidas más largas y saludables al abordar la disfunción mitocondrial, una de las características del envejecimiento.

Dosis recomendada:

- **MOTS-C**: 10 a 15 mg semanales, divididos en 2 a 3 dosis, inyectadas por vía subcutánea.
- **Humanin**: 5 mg al día, inyectados por vía subcutánea.
- **SS-31:** 5 a 10 mg al día, inyectados por vía subcutánea.

Ciclo: 8 a 12 semanas de uso continuo, seguidas de un descanso de 4 semanas.

Epitalon + CJC-1295 + GHRP-2

Este combo/stack apunta tanto al antienvejecimiento como a la optimización hormonal al combinar **Epitalon, CJC-1295,** y **GHRP-2**. **Epitalon** prolonga la vida útil activando la telomerasa y alargando los telómeros, mientras que **CJC-1295** y **GHRP-2** Estimula la producción natural de la hormona del crecimiento, promoviendo la reparación de tejidos, la pérdida de grasa y la preservación de los músculos, todo lo cual es importante para un envejecimiento saludable.

Beneficios:

- **Estimulación de la hormona del crecimiento**: CJC-1295 y GHRP-2 aumentan los niveles de la hormona del crecimiento, que disminuyen con la edad, lo que ayuda a mejorar la masa muscular, reducir la grasa y favorecer la reparación de los tejidos.
- **Protección de los telómeros**: Epitalon ayuda a proteger los telómeros, retrasando el envejecimiento celular y favoreciendo la longevidad.
- **Composición corporal mejorada**: Esta combinación ayuda a mantener un equilibrio saludable de músculo magro y grasa, incluso cuando el envejecimiento ralentiza el metabolismo.

Dosis recomendada:

- **Epitalon**: 1 a 3 mg al día durante 10 a 20 días, inyectado por vía subcutánea.
- **CJC-1295**: 1000 mcg dos veces por semana, por vía subcutánea.
- **GHRP-2**: 100 a 200 mcg, 1 a 2 veces al día, inyectados por vía subcutánea.

Ciclo: 10 a 12 semanas con un descanso de 4 a 6 semanas. Epitalon se realiza un ciclo cada 6 meses, mientras que CJC-1295 y GHRP-2 se pueden utilizar durante períodos más prolongados, con descansos periódicos.

GHK-Cu + BPC-157 + TB-500

Este combo/stack se centra en la reparación de tejidos, la curación de heridas y la salud celular en general. **GHK-Cu** promueve la producción de colágeno y la regeneración de la piel, **BPC-157** acelera la reparación de tejidos y reduce la inflamación, y **TB-500** apoya la recuperación de lesiones y promueve la curación de músculos y tendones. Juntos, crean una útil combinación/combinación antienvejecimiento y recuperación, que ayuda al cuerpo a mantener el tejido juvenil y reparar los daños relacionados con la edad.

Beneficios:

- **Reparación de piel y tejidos**: GHK-Cu mejora la elasticidad de la piel y reduce las arrugas, mientras que BPC-157 y TB-500 ayudan a curar lesiones y reducir la inflamación.
- **Curación acelerada**: BPC-157 y TB-500 trabajan sinérgicamente para acelerar la recuperación de lesiones y cirugías, apoyando la salud de los tejidos a largo plazo.
- **Antienvejecimiento y longevidad**: GHK-Cu y BPC-157 tienen propiedades regenerativas que promueven la salud general de los tejidos, mejorando los signos internos y externos del envejecimiento.

Dosis recomendada:

- **GHK-Cu**: 2 a 5 mg al día, inyectados por vía subcutánea o aplicados **tópicamente** como un **0,5-1%** crema.
- **BPC-157**: 200 a 500 mcg al día, por vía subcutánea.
- **TB-500:** 2 a 5 mg semanales, por vía subcutánea.

Ciclo: De 8 a 12 semanas para los tres péptidos, con descansos periódicos.

Thymalin + Epitalon + GHRP-6

Este combo/stack de longevidad combina los beneficios de estimulación inmunológica y antienvejecimiento de **Thymalin** y **Epitalon** con los efectos estimulantes de la hormona del crecimiento de **GHRP-6**. **Thymalin** aumenta la función inmune y reduce la inflamación, mientras que **Epitalon** Promueve el envejecimiento saludable protegiendo los telómeros. **GHRP-6** aumenta los niveles naturales de la hormona del crecimiento, lo que favorece la pérdida de grasa, la retención muscular y la vitalidad general a medida que envejece.

Beneficios:

- **Mantenimiento y longevidad de los telómeros**: Epitalon ayuda a preservar los telómeros, promoviendo la longevidad celular y protegiendo contra el deterioro relacionado con la edad.
- **Impulso del sistema inmunológico**: La Thymalin fortalece el sistema inmunológico y ayuda al cuerpo a combatir infecciones y enfermedades relacionadas con la edad.
- **Liberación de hormona de crecimiento**: GHRP-6 estimula la producción de GH, mejorando la composición corporal y favoreciendo un envejecimiento saludable.

Dosis recomendada:

- **Thymalin**: 10 a 20 mg al día durante 5 a 10 días, inyectados por vía subcutánea.
- **Epitalon**: 1 a 3 mg al día durante 10 a 20 días, inyectados por vía subcutánea.
- **GHRP-6:** 100 a 300 mcg al día, inyectados por vía subcutánea.

Ciclo: 10 a 20 días para Epitalon y Thymalin, repetido cada 6 meses. GHRP-6 se puede utilizar durante ciclos más largos (8 a 12 semanas), seguidos de un descanso.

6.5 Pilas/combinaciones de péptidos para la salud sexual

PT-141 + Kisspeptin + Melanotan II

Este combo/stack combina **PT-141**, **Kisspeptin**, y **Melanotan II** para aumentar la excitación sexual y mejorar la función sexual tanto en hombres como en mujeres. **PT-141** es un conocido péptido que aumenta la libido y actúa sobre los receptores de melanocortina en el cerebro, mejorando el deseo y la función sexual. **Kisspeptin** apoya la fertilidad al estimular la hormona liberadora de gonadotropina (GnRH), que a su vez desencadena la producción de la hormona luteinizante (LH) y la hormona folículo estimulante (FSH), mejorando la salud reproductiva. **Melanotan II** Ofrece una mejora adicional de la libido y ayuda a regular la respuesta sexual.

Beneficios:

- **Aumento de la libido**: PT-141 y Melanotan II estimulan el deseo y la excitación sexual, mejorando la experiencia sexual en general.
- **Función sexual**: PT-141 mejora la función eréctil en los hombres y la excitación en las mujeres, lo que lo hace eficaz para tratar la disfunción sexual.
- **Apoyo a la fertilidad**: Kisspeptin ayuda en la regulación de las hormonas reproductivas, mejorando la fertilidad tanto en hombres como en mujeres.

Dosis recomendada:

- **PT-141**: 1 a 2 mg por inyección, administrados 30 a 60 minutos antes de la actividad sexual, inyectados por vía subcutánea.
- **Kisspeptin**: 100 a 200 mcg al día, inyectados por vía subcutánea, para favorecer la fertilidad.
- **Melanotan II**: 0,25 a 1 mg por inyección, administrados 1 a 2 veces por semana, inyectados por vía subcutánea.

Ciclo: Utilizado bajo demanda para PT-141 y Melanotan II. La Kisspeptin se utiliza normalmente en **Ciclos de 4 a 6 semanas** para la fertilidad.

PT-141 + CJC-1295 + Ipamorelin

Este combo/stack está diseñado para personas que buscan mejorar su salud sexual y su equilibrio hormonal general. **PT-141** se centra en mejorar la libido y la función sexual, mientras que **CJC-1295** y **Ipamorelin** trabajan juntos para aumentar los niveles de la hormona del crecimiento, lo que puede mejorar la energía, la vitalidad y el rendimiento sexual. Esta combinación es beneficiosa para hombres y mujeres que buscan mejorar su bienestar sexual junto con su salud y vitalidad en general.

Beneficios:

- **Mayor deseo y rendimiento sexual**: PT-141 mejora la libido y mejora la función sexual tanto en hombres como en mujeres.
- **Mayor vitalidad y equilibrio hormonal**: CJC-1295 e Ipamorelin aumentan los niveles de la hormona del crecimiento, lo que favorece una mejor energía, estado de ánimo y rendimiento sexual.
- **Mejor recuperación**: Los niveles elevados de hormona del crecimiento mejoran la recuperación y la salud física y mental en general, lo que también puede favorecer la salud sexual.

Dosis recomendada:

- **PT-141:** 1 a 2 mg por inyección, administrados 30 a 60 minutos antes de la actividad sexual, inyectados por vía subcutánea.
- **CJC-1295**: 1000 mcg dos veces por semana, inyectados por vía subcutánea.
- **Ipamorelin**: 200 a 300 mcg, 1 a 2 veces al día, inyectados por vía subcutánea.

Ciclo: 8 a 12 semanas para CJC-1295 e Ipamorelin, con descansos. PT-141 se utiliza bajo demanda.

Gonadorelin + PT-141 + MK-677

Este combo/stack combina **Gonadorelin**, **PT-141**, y **MK-677** para optimizar la salud sexual y el equilibrio hormonal en **hombres**. **Gonadorelin** Estimula la producción de LH y FSH, lo que conduce a un aumento de los niveles naturales de testosterona, mejorando la libido y el rendimiento sexual. **PT-141** aumenta el deseo sexual y **MK-677** Aumenta los niveles de la hormona del crecimiento, que respaldan la masa muscular, la energía y la salud sexual en general.

Beneficios:

- **Aumento de testosterona**: La Gonadorelin aumenta la producción natural de testosterona, mejorando el rendimiento sexual y la energía en los hombres.
- **Libido y excitación mejoradas**: PT-141 estimula directamente los receptores de melanocortina del cerebro, aumentando el deseo y la función sexual.
- **Mejora de la recuperación y la composición corporal**: MK-677 aumenta los niveles de la hormona del crecimiento, lo que favorece una mejor recuperación, pérdida de grasa y vitalidad general.

Dosis recomendada:

- **Gonadorelin**: 100 a 200 mcg al día, inyectados por vía subcutánea o intramuscular.
- **PT-141:** 1 a 2 mg por inyección, administrados 30 a 60 minutos antes de la actividad sexual, inyectados por vía subcutánea.
- **MK-677:** 10 a 25 mg al día, por vía oral.

Ciclo: 8 a 12 semanas, con un descanso de 4 a 6 semanas para Gonadorelin y MK-677. PT-141 se utiliza según sea necesario.

Kisspeptin + CJC-1295 + Ipamorelin

Este combo/stack se centra en optimizar la salud reproductiva y la función sexual mediante el uso **Kisspeptin** para estimular las hormonas reproductivas, mientras **CJC-1295** y **Ipamorelin** aumentar los niveles de la hormona del crecimiento, apoyando la vitalidad general. Esta combinación es particularmente efectiva para **mujer** buscando mejorar la libido, la fertilidad y el equilibrio hormonal, especialmente durante la menopausia o periodos de desequilibrio hormonal.

Beneficios:

- **Fertilidad:** Kisspeptin apoya la ovulación y el equilibrio hormonal, mejorando la fertilidad en las mujeres.
- **Mejora de la salud sexual y la libido**: Kisspeptin aumenta el deseo sexual, mientras que CJC-1295 e Ipamorelin aumentan la energía y el estado de ánimo, apoyando indirectamente la salud sexual.
- **Mejor equilibrio hormonal**: Esta pila regula las hormonas reproductivas y apoya el bienestar general, particularmente en mujeres que están pasando por la menopausia o que experimentan desequilibrios hormonales.

Dosis recomendada:

- **Kisspeptin**: 100 a 200 mcg al día, inyectados por vía subcutánea.
- **CJC-1295**: 1000 mcg dos veces por semana, inyectados por vía subcutánea.
- **Ipamorelin**: 200 a 300 mcg, 1 a 2 veces al día, inyectados por vía subcutánea.

Ciclo: 8 a 12 semanas con descansos periódicos para la regulación hormonal.

PT-141 + Melanotan II + CJC-1295

Este combo/stack es ideal para personas que desean mejorar tanto la salud sexual como la composición corporal. **PT-141** aumenta la libido y el rendimiento sexual, **Melanotan II** proporciona apoyo adicional a la libido y mejora la pigmentación de la piel, mientras que **CJC-1295** aumenta los niveles de la hormona del crecimiento, promoviendo una mejor recuperación y vitalidad general.

Beneficios:

- **Deseo y desempeño sexual**: PT-141 y Melanotan II actúan sobre los receptores de melanocortina, aumentando significativamente la libido y la satisfacción sexual.
- **Composición corporal mejorada**: CJC-1295 estimula la liberación de la hormona del crecimiento, que ayuda a perder grasa y preservar los músculos.
- **pigmentación de la piel**: Melanotan II ayuda a los usuarios a conseguir un bronceado mientras mejora la salud sexual.

Dosis recomendada:

- **PT-141**: 1 a 2 mg por inyección, administrados 30 a 60 minutos antes de la actividad sexual, inyectados por vía subcutánea.
- **Melanotan II**: 0,25 a 1 mg por inyección, 1 a 2 veces por semana, inyectada por vía subcutánea.
- **CJC-1295**: 1000 mcg dos veces por semana, inyectados por vía subcutánea.

Ciclo: 12 semanas con descansos periódicos para CJC-1295 y Melanotan II. PT-141 se puede utilizar según sea necesario.

6.6 Pilas/combinaciones de péptidos para la inmunidad

Thymosin Alpha-1 + LL-37 + VIP

Este combo/stack es poderoso para estimular el sistema inmunológico y combatir infecciones. **Thymosin Alpha-1** Estimula la producción de células T, mejorando la respuesta inmune. **LL-37** es un péptido antimicrobiano que mata bacterias y virus, mientras que **VIP** (Péptido intestinal vasoactivo) reduce la inflamación y mejora la salud pulmonar, lo que hace que esta combinación sea particularmente útil durante las temporadas de gripe o para personas con problemas inmunológicos crónicos.

Beneficios:

- **Estimulación inmune**: La Thymosin Alpha-1 fortalece el sistema inmunológico al aumentar la actividad de las células T.
- **Acción antimicrobiana**: LL-37 combate directamente bacterias, virus y hongos, lo que lo hace útil tanto para la prevención como para el tratamiento de infecciones.
- **Salud pulmonar y respiratoria**: VIP reduce la inflamación en los pulmones y apoya la función respiratoria saludable.

Dosis recomendada:

- **Thymosin Alpha-1:** 1,6 a 3,2 mg semanales, inyectados por vía subcutánea.
- **LL-37:** 100 a 300 mcg al día, inyectados por vía subcutánea.
- **VIP**: 50 mcg rociados en cada fosa nasal hasta 4 veces al día.

Ciclo: 4 a 6 semanas durante épocas de supresión inmunitaria o mayor riesgo de infección.

Thymosin Alpha-1 + BPC-157 + SS-31

Este combo/stack está diseñado para mejorar la inmunidad y promover la curación. **Thymosin Alpha-1** aumenta la función inmune, **BPC-157** promueve la reparación de tejidos y reduce la inflamación, y **SS-31** apoya la salud mitocondrial, reduce el estrés oxidativo y protege el sistema inmunológico del daño.

Beneficios:

- **Apoyo a la función inmune**: Thymosin Alpha-1 mejora la respuesta inmune, ayudando a combatir infecciones y estimulando la inmunidad general.
- **Curación y reparación de tejidos**: BPC-157 ayuda a curar los tejidos, especialmente útil para quienes se recuperan de una cirugía o lesión.
- **Protección mitocondrial**: SS-31 reduce el daño oxidativo, apoyando tanto la salud inmune como la vitalidad general.

Dosis recomendada:

- **Thymosin Alpha-1**: 1,6 a 3,2 mg semanales, inyectados por vía subcutánea.
- **BPC-157**: 200 a 500 mcg al día, inyectados por vía subcutánea.
- **SS-31:** 5 a 10 mg al día, inyectados por vía subcutánea.

Ciclo: 8 a 12 semanas con descansos periódicos para controlar la función inmune.

VIP+LL-37+SS-31

Este combo/pila de inmunidad combina **VIP (péptido intestinal vasoactivo)**, **LL-37**, y **SS-31 (elamipretida)** para apoyar la resiliencia inmune, reducir la inflamación y proteger la salud mitocondrial. **VIP** actúa como un poderoso agente antiinflamatorio, mejorando la salud pulmonar y respiratoria, mientras que **LL-37** Proporciona acción antimicrobiana contra patógenos. **SS-31 (elamipretida)** apoya la función mitocondrial, que es crucial para la energía y la resistencia de las células inmunitarias, especialmente frente a infecciones crónicas o afecciones inflamatorias.

Beneficios:

- **Apoyo antiinflamatorio y respiratorio**: VIP reduce la inflamación en los tejidos respiratorios, lo que lo hace beneficioso para personas con problemas respiratorios crónicos o expuestos a patógenos.

- **Defensa antimicrobiana**: LL-37 ofrece efectos antimicrobianos de amplio espectro y protege contra infecciones bacterianas, virales y fúngicas.

- **Protección mitocondrial y resiliencia inmune**: SS-31 apoya la salud mitocondrial, asegurando que las células inmunes tengan la energía necesaria para responder eficazmente a las infecciones y la inflamación.

Método de entrega y dosificación:

- **VIP**: 100 a 500 mcg al día, inyectados por vía subcutánea o intranasal (50 mcg rociados en cada fosa nasal hasta 4 veces al día)

- **LL-37:** 100 a 300 mcg al día, inyectados por vía subcutánea.

- **SS-31**: 5 a 10 mg al día, inyectados por vía subcutánea.

Ciclo: 8 a 12 semanas, con 4 semanas o más.

Thymosin Alpha-1 + KPV + ARA-290

Este combo/pila inmune utiliza **Thymosin Alpha-1**, **KPV**, y **ARA-290** para fortalecer el sistema inmunológico, reducir la inflamación y aliviar el dolor asociado con la inflamación crónica. **Thymosin Alpha-1** ayuda a la actividad de las células T y la respuesta inmune, **KPV** reduce las respuestas inflamatorias, particularmente en el intestino, y **ARA-290** proporciona alivio del dolor y apoya la salud de los nervios al reducir la inflamación en los tejidos periféricos. Esta combinación es beneficiosa para quienes buscan apoyar la salud inmunológica y mitigar los síntomas de afecciones autoinmunes o inflamatorias.

Beneficios:

- **Función inmune**: La Thymosin Alpha-1 estimula las defensas inmunitarias del cuerpo al aumentar la producción de células T y la respuesta a las infecciones.

- **Reducción de la inflamación y el dolor**: KPV tiene fuertes efectos antiinflamatorios, particularmente beneficiosos para la salud intestinal, mientras que ARA-290 alivia el dolor inflamatorio y promueve la curación de los tejidos.

- **Recuperación mejorada de enfermedades autoinmunes y crónicas**: Esta combinación respalda el equilibrio inmunológico, lo que la hace eficaz para controlar los síntomas de enfermedades autoinmunes y la inflamación crónica.

Dosis recomendada:

- **Thymosin Alpha-1**: 1,6 a 3,2 mg semanales, inyectados por vía subcutánea.
- **KPV**: 200 a 400 mcg al día, inyectados por vía subcutánea.
- **ARA-290**: 4 mg, 2 a 3 veces por semana, inyectados por vía subcutánea.

Ciclo: 8 a 12 semanas, con descansos periódicos para evaluar la respuesta inmune, especialmente para la Thymosin Alpha-1.

Thymosin Alpha-1 + LL-37 + BPC-157

Este combo/pila de inmunidad y recuperación combina **Thymosin Alpha-1**, **LL-37**, y **BPC-157** para reforzar el sistema inmunológico, combatir infecciones y promover la curación de tejidos dañados. **Thymosin Alpha-1** apoya la regulación inmune, **LL-37** proporciona protección antimicrobiana contra patógenos, y **BPC-157** Ayuda a la reparación de tejidos y reduce la inflamación. Esta combinación es útil para personas que se recuperan de una enfermedad, lesión o cirugía y que necesitan un fuerte apoyo inmunológico y tisular.

Beneficios:

- **Respuesta inmune**: La Thymosin Alpha-1 refuerza las defensas inmunitarias, aumentando la resistencia a las infecciones.
- **Control antimicrobiano y de infecciones**: LL-37 combate una variedad de patógenos, incluidas bacterias y virus, lo que reduce la probabilidad de infecciones.
- **Curación acelerada y reducción de la inflamación**: BPC-157 favorece la reparación de tejidos y reduce la inflamación, lo que ayuda a la recuperación de lesiones o procedimientos quirúrgicos.

Dosis recomendada:

- **Thymosin Alpha-1**: 1,6 a 3,2 mg semanales, inyectados por vía subcutánea.
- **LL-37**: 100 a 300 mcg al día, inyectados por vía subcutánea.
- **BPC-157**: 200 a 500 mcg al día, inyectados por vía subcutánea.

Ciclo: 8 a 12 semanas, con un descanso de 4 semanas para evaluar la función y la respuesta inmunitarias.

6.7 Pilas/combinaciones de péptidos para la piel, el cabello y la estética

GHK-Cu + BPC-157 + Epitalon

Este combo/stack está diseñado para mejorar la salud de la piel, reducir las arrugas y promover la producción de colágeno. **GHK-Cu** es conocido por sus poderosas propiedades antienvejecimiento y reparadoras de la piel, **BPC-157** acelera la reparación de tejidos y la cicatrización de heridas, y **Epitalon** apoya la regeneración general de la piel al mejorar la regulación de la melatonina y aumentar la actividad de la telomerasa, lo que ayuda a reducir el envejecimiento celular.

Beneficios:

- **Mayor producción de colágeno**: GHK-Cu estimula la síntesis de colágeno, ayudando a reducir las arrugas y mejorar la elasticidad de la piel.

- **Reparación y curación de tejidos**: BPC-157 promueve la regeneración de la piel y reduce la inflamación, mejorando la salud general de la piel.

- **Antienvejecimiento y longevidad**: Epitalon apoya la reparación celular y ayuda a regular los patrones de sueño, mejorando indirectamente la salud de la piel.

Dosis recomendada:

- **GHK-Cu**: 2 a 5 mg al día como suero tópico (concentración de 0,5 a 1%).

- **BPC-157**: 200 a 500 mcg al día, inyectados por vía subcutánea.

- **Epitalon**: 1 a 3 mg al día durante **10 a 20 días**, inyectado por vía subcutánea una vez al año. Este ciclo se puede repetir cada **6 a 12 meses** para un sueño prolongado.

Ciclo: 8 a 12 semanas para **GHK-Cu y BPC-157**, con un descanso de 4 semanas entre ciclos.

GHK-Cu + PTD-DBM + Argireline

Esta combinación/pila cosmética combina **GHK-Cu**, **PTD-DBM**, y **Argireline** para beneficiar la estética de la piel y el cabello. **GHK-Cu** es conocido por sus propiedades rejuvenecedoras de la piel, promoviendo la síntesis de colágeno, mejorando la elasticidad de la piel y ayudando en la cicatrización de heridas. **PTD-DBM** apunta a la salud del cabello, apoyando la regeneración de los folículos y fomentando el crecimiento del cabello, lo que lo hace eficaz para abordar la caída del cabello.

Argireline Sirve como una solución antiarrugas no invasiva, relaja los músculos faciales y suaviza las líneas finas sin necesidad de inyecciones. En conjunto, esta combinación mejora la calidad de la piel, favorece el crecimiento del cabello y ofrece beneficios antienvejecimiento, lo que la convierte en una solución versátil para la mejora cosmética general.

Beneficios:

- **Textura y elasticidad de la piel mejoradas**: GHK-Cu estimula la producción de colágeno, que suaviza las líneas finas y reafirma la piel, mejorando la textura general.

- **Reducción de arrugas**: Argireline relaja los músculos faciales, reduciendo la profundidad de las arrugas y creando una apariencia más suave, especialmente alrededor de las áreas propensas a la expresión.

- **Promueve el crecimiento del cabello y la salud del cuero cabelludo**: PTD-DBM apoya la actividad de los folículos pilosos, fomentando el crecimiento del cabello en áreas debilitadas y mejorando la condición del cuero cabelludo.

Dosis recomendada:

- **GHK-Cu**: 2 a 5 mg al día por vía tópica a una concentración de 0,5 a 1% en un suero para aplicación cutánea.

- **PTD-DBM**: Se aplica tópicamente en el cuero cabelludo a una concentración del 0,1 al 0,5 % para favorecer el crecimiento del cabello.
- **Argireline:** Se aplica tópicamente diariamente en áreas específicas en concentraciones del 5 al 10% como crema o suero.

Ciclo: GHK-Cu y Argireline se pueden utilizar de forma continua como parte de una rutina diaria de cuidado de la piel. Para **PTD-DBM**, lo ideal es un ciclo de 8 a 12 semanas, seguido de un descanso de 4 semanas antes de reanudarlo para evaluar el crecimiento del cabello y la salud de los folículos.

GHK-Cu + CJC-1295 + Ipamorelin

Este combo/stack combina **GHK-Cu** por sus propiedades anti-envejecimiento y regeneración de la piel, con **CJC-1295** y **Ipamorelin** para promover la liberación de la hormona del crecimiento, mejorando la elasticidad de la piel, el tono muscular y la reducción de grasa. Juntos, estos péptidos promueven el rejuvenecimiento tanto interno como externo.

Beneficios:

- **Mejora de la elasticidad y textura de la piel.**: GHK-Cu aumenta la producción de colágeno, reafirmando la piel y reduciendo las arrugas.
- **Apoyo a la hormona del crecimiento**: CJC-1295 e Ipamorelin aumentan los niveles de la hormona del crecimiento, ayudando con la pérdida de grasa, la retención muscular y la vitalidad general.
- **Apariencia juvenil**: Esta combinación mejora la salud general de la piel y favorece una apariencia más juvenil.

Método de entrega y dosificación:

- **GHK-Cu**: 2 a 5 mg al día como suero tópico (concentración de 0,5 a 1%).
- **CJC-1295**: 1000 mcg dos veces por semana, inyectados por vía subcutánea.
- **Ipamorelin**: 200 a 300 mcg, 1 a 2 veces al día, inyectados por vía subcutánea.

Ciclo: 8 a 12 semanas para CJC-1295 e Ipamorelin. GHK-Cu se puede utilizar de forma continua durante períodos más prolongados.

BPC-157 + GHRP-2 + GHK-Cu

Esta combinación/pila es ideal para la reparación de la piel, la curación de tejidos y efectos antienvejecimiento generales. **BPC-157** promueve la curación rápida de la piel, los músculos y el tejido conectivo, **GHRP-2** estimula la liberación de la hormona del crecimiento para apoyar la elasticidad de la piel y el tono muscular, y **GHK-Cu** proporciona poderosos efectos antienvejecimiento al promover la producción de colágeno y la regeneración de la piel.

Beneficios:

- **Reparación de tejidos y piel**: BPC-157 acelera la curación y reduce la inflamación, lo que lo hace ideal para personas que se recuperan de lesiones o cirugías.
- **Liberación de hormona de crecimiento**: GHRP-2 aumenta la hormona del crecimiento, mejorando el tono muscular y la elasticidad de la piel.

- **Antienvejecimiento**: GHK-Cu mejora la textura y apariencia de la piel al estimular la producción de colágeno.

Método de entrega y dosificación:

- **BPC-157**: 200 a 500 mcg al día, inyectados por vía subcutánea.
- **GHRP-2**: 100 a 300 mcg al día, inyectados por vía subcutánea.
- **GHK-Cu**: 2 a 5 mg al día como suero tópico (concentración de 0,5 a 1%).

Ciclo: 8 a 12 semanas con descansos para GHRP-2 y GHK-Cu.

6.8 Consideraciones clave para combinaciones/apilamiento de péptidos

- Elija péptidos que se complementen entre sí en términos de funcionamiento. Por ejemplo, apilar/combinar péptidos que promuevan la liberación de la hormona del crecimiento con péptidos que mejoren la reparación de tejidos puede conducir a una mejor recuperación y crecimiento muscular.
- Las pilas de péptidos deben ciclarse para evitar que el cuerpo desarrolle tolerancia o disminuya el rendimiento. Un ciclo típico puede durar de 4 a 8 semanas, seguido de una pausa de algunas semanas antes de comenzar de nuevo. Esto garantiza que los péptidos sigan siendo eficaces y reduce el riesgo de efectos secundarios por el uso prolongado.
- Al acumular péptidos, es importante ajustar las dosis para asegurarse de no sobrecargar su sistema. Las dosis recomendadas para cada péptido en una pila pueden ser más bajas que si los tomara individualmente, ya que el efecto combinado de la pila es más poderoso.
- Lleve un registro de cómo responde su cuerpo a la pila de péptidos, especialmente si es nuevo en la terapia con péptidos.

CAPITULO 7. PEPTIDOS Y ESTILO DE VIDA

Los péptidos funcionan mejor cuando se integran en un estilo de vida saludable. Para maximizar los beneficios de la terapia con péptidos, es importante apoyar a su cuerpo con la nutrición, el ejercicio y las estrategias de recuperación adecuados y gestionar sus expectativas adecuadamente.

7.1 Nutrición, Ejercicio y Recuperación

7.1.1 Nutrición

Ingesta de proteínas

Muchos péptidos, en particular los utilizados para el crecimiento y la recuperación muscular (como CJC-1295, Ipamorelin o IGF-1 LR3), dependen de una ingesta adecuada de proteínas para respaldar la síntesis de proteínas musculares. Trate de consumir entre 1,0 y 1,2 gramos de proteína por libra de peso corporal al día. Esto puede provenir de fuentes como carnes magras, pescado, huevos, lácteos o proteínas en polvo de origen vegetal.

Grasas Saludables

Los péptidos hormonales que influyen en los niveles de testosterona, estrógeno o hormona del crecimiento funcionarán mejor si su cuerpo tiene acceso a grasas saludables. Los ácidos grasos omega-3 (de pescado, semillas de lino o nueces) favorecen la producción de hormonas, reducen la inflamación y mejoran la salud celular en general.

Antioxidantes

Péptidos como GHK-Cu y BPC-157 promueven la reparación de tejidos y reducen la inflamación. Para apoyar este proceso, concéntrese en llevar una dieta rica en antioxidantes, como frutas, verduras, nueces y semillas que ayudan a combatir el estrés oxidativo, que puede afectar la recuperación y la salud celular.

Hidratación

Mantenerse hidratado es esencial para la recuperación muscular, la reparación de tejidos y la salud en general. Beba al menos de 8 a 10 vasos de agua al día y considere aumentar esta cantidad si utiliza péptidos para mejorar el rendimiento o la pérdida de grasa, ya que ayudan a mejorar la actividad metabólica.

7.1.2 Ejercicio

Entrenamiento de fuerza

Para los péptidos de crecimiento muscular, es importante realizar un entrenamiento de resistencia con regularidad. Concéntrese en movimientos compuestos (como sentadillas, peso muerto y prensas) que trabajen grupos de músculos grandes. Intente realizar de 3 a 5 sesiones por semana, con una sobrecarga progresiva para desafiar continuamente sus músculos.

Ejercicio cardiovascular

Para las personas que usan péptidos para perder grasa como AOD-9604, Semaglutide, etc., es importante incorporar cardio. El entrenamiento en intervalos de alta intensidad (HIIT) es particularmente eficaz para maximizar la pérdida de grasa, mientras que el ejercicio cardiovascular en estado estable puede favorecer la salud y la resistencia cardiovascular en general.

Sesiones de recuperación

Péptidos como BPC-157 y TB-500 mejoran la recuperación. Complemente esto incorporando actividades de recuperación de baja intensidad (como yoga, natación o caminar) para promover la circulación, reducir la inflamación y mejorar la reparación muscular.

7.1.3 Recuperación

Dormir

Péptidos como DSIP, Epitalon o CJC-1295 optimizan la recuperación durante el sueño. Trate de dormir entre 7 y 9 horas de calidad cada noche. Dormir es cuando su cuerpo repara los músculos, procesa información y equilibra los niveles hormonales. Escatimar horas de sueño puede obstaculizar tu progreso, sin importar qué tan bien estén funcionando tus péptidos.

Manejo del estrés

Los péptidos como Selank o Semax pueden ayudar a controlar el estrés, pero integrar otras prácticas para reducir el estrés (como la meditación, la respiración profunda o la atención plena) en su rutina puede respaldar aún más la eficacia de los péptidos. Los niveles altos de estrés pueden alterar el equilibrio hormonal, alterar la función cognitiva y provocar inflamación, todo lo cual contrarresta los beneficios de la terapia con péptidos.

7.2 Manejando sus expectativas

Comprender la diferencia entre los beneficios a corto y largo plazo es importante cuando se utilizan péptidos, ya que diferentes péptidos ofrecen resultados en diferentes plazos.

7.2.1 Beneficios a corto plazo (entre días y semanas)

Energía y enfoque:

Péptidos como **Semax** o **Selank** a menudo ofrecen mejoras notables en la concentración, la función cognitiva y el estado de ánimo en unos pocos días. Es probable que las personas experimenten una mayor claridad, una reducción de la ansiedad y un mejor rendimiento mental con relativa rapidez.

Mejoras del sueño

Péptidos como **DSIP** y **Epitalon** puede mejorar la calidad del sueño dentro de la primera semana de uso. Los usuarios suelen informar que se duermen más rápido, se despiertan menos y se despiertan más renovados durante las primeras noches.

Supresión del apetito

Para péptidos para perder grasa como **Semaglutide** o **Tirzepatide**, la supresión del apetito puede ocurrir dentro de las primeras dosis, lo que facilita reducir la ingesta de calorías y comenzar a perder peso.

7.2.2 Beneficios a largo plazo (en meses)

Crecimiento muscular y pérdida de grasa

Péptidos como **CJC-1295**, **Ipamorelin**, o **IGF-1 LR3** Pueden pasar de 8 a 12 semanas antes de que se noten ganancias musculares significativas o pérdida de grasa. Desarrollar músculo y quemar grasa requiere un uso constante combinado con una nutrición y ejercicio adecuados.

Antienvejecimiento y salud de la piel

Péptidos como **GHK-Cu** o **Epitalon** apoyan el rejuvenecimiento de la piel y los efectos antienvejecimiento, pero estos cambios ocurren durante varios meses. Es posible que notes mejoras sutiles en la textura, la elasticidad y las arrugas de la piel, pero los cambios dramáticos toman tiempo.

Longevidad y apoyo inmunológico

Péptidos como **Thymosin Alpha-1** y **Epitalon** que apoyan la función inmune o la longevidad celular a menudo brindan beneficios a largo plazo. Es posible que una mejor defensa inmune o mejoras en los síntomas relacionados con la edad no se noten de inmediato, pero contribuyen a una mejor salud a largo plazo.

7.2.3 Equilibrio de expectativas

Lograr resultados a largo plazo con péptidos requiere un uso constante durante un período prolongado. Siga los ciclos y las dosis recomendados, incluso si no ve cambios inmediatos.

Los péptidos no son soluciones mágicas. Sus efectos se amplifican cuando se combinan con prácticas de estilo de vida saludables, que incluyen una nutrición equilibrada, ejercicio regular y sueño adecuado.

Supervise las pequeñas mejoras a lo largo del tiempo, ya sea una mejor recuperación, ligeras reducciones de la grasa corporal o una piel más suave. Estos cambios incrementales se acumulan y dan resultados significativos después de varios meses.

CAPÍTULO 8. CONCLUSIÓN

Los péptidos se han convertido en uno de los avances más interesantes de la medicina moderna y ofrecen una amplia gama de aplicaciones terapéuticas, desde antienvejecimiento y cuidado de la piel hasta pérdida de grasa, crecimiento muscular, apoyo inmunológico, mejora cognitiva y función cerebral, salud sexual y más.

Su capacidad para atacar las causas fundamentales específicas de muchos problemas de salud con efectos secundarios mínimos ha hecho que la terapia con péptidos sea la opción preferida de muchas personas, atletas y profesionales médicos. A medida que la investigación siga avanzando, el potencial de los péptidos en la medicina preventiva, el tratamiento de enfermedades crónicas y las soluciones de salud personalizadas no hará más que ampliarse.

Este libro ha cubierto una amplia gama de péptidos y cómo se pueden apilar/combinar para obtener resultados específicos, junto con orientación práctica para una preparación y uso seguros. Al igual que cualquier viaje de bienestar, la clave del éxito radica en combinar la terapia con péptidos con un estilo de vida saludable y comprender cómo responde su cuerpo.

Recuerde que los péptidos son poderosos, por lo que siempre es mejor abordarlos con cuidado. Trabaje con un profesional de la salud para ayudarlo a controlar su progreso y ajustar las dosis según sea necesario.

¡Gracias por leer y buena suerte!

8.1 Recursos para mayor aprendizaje e investigación

A medida que el campo de la terapia con péptidos continúa creciendo, mantenerse informado sobre los últimos desarrollos, investigaciones y productos es importante para cualquier persona interesada en el uso de péptidos. A continuación se muestran algunos recursos clave para seguir aprendiendo e investigando:

1. Revistas médicas y publicaciones de investigación.

- **PubMed**: Esta es una de las bases de datos más grandes de artículos de investigación científica, incluidos muchos estudios sobre terapia con péptidos. Puede buscar péptidos específicos y revisar los últimos ensayos clínicos e investigaciones revisadas por pares.

- **Puerta de investigación**: Una plataforma donde los investigadores comparten sus publicaciones y hallazgos. Es un gran recurso para acceder a estudios sobre terapias con péptidos emergentes y discutir los hallazgos con otros profesionales en el campo.

2. Organizaciones profesionales

- **Sociedad Internacional de Péptidos (IPS)**: Una organización profesional dedicada al avance del campo de la terapia con péptidos. Ofrecen recursos educativos, seminarios web y cursos de capacitación tanto para proveedores de atención médica como para personas interesadas en el uso de péptidos.

- **Academia Estadounidense de Medicina Antienvejecimiento (A4M)**: Una organización global que se centra en los avances en la medicina antienvejecimiento, incluidas las terapias con péptidos. Organizan conferencias, publican investigaciones y ofrecen certificaciones en terapia con péptidos.

3. Sitios web y foros educativos

- **Blog de ciencias de péptidos**: Una fuente confiable de noticias y actualizaciones sobre investigaciones, aplicaciones e información de seguridad de péptidos.
- **Péptidos.org**: Proporciona explicaciones detalladas sobre cómo funcionan los diferentes péptidos, sus beneficios y cómo pueden integrarse en las rutinas de salud.
- **Foros de fitness y bienestar**: Comunidades en línea, como Reddit **r/péptidos** o **r/Nootrópicos**, son lugares excelentes para entablar conversaciones con otros usuarios sobre sus experiencias con la terapia con péptidos. Estos foros suelen proporcionar información práctica, reseñas de productos y consejos sobre pilas y combinaciones.

4. Proveedores de atención médica y especialistas en péptidos

Trabajar con un proveedor de atención médica con experiencia en terapia con péptidos es esencial para garantizar un uso seguro y eficaz. Muchos médicos de medicina funcional, endocrinólogos y especialistas en antienvejecimiento tienen conocimientos sobre la terapia con péptidos y pueden guiarlo en la creación de planes de tratamiento personalizados.

Referencias

Almeida, JR (2024). El viaje de un siglo de los medicamentos a base de péptidos. *antibióticos*, *13*(3), 196. https://doi.org/10.3390/antibiotics13030196

Doti, N. y Ruvo, M. (2024). Péptidos sintéticos y peptidomiméticos: de la ciencia básica a las aplicaciones biomédicas: segunda edición. *Revista Internacional de Ciencias Moleculares*, *25*(2), 1083–1083. https://doi.org/10.3390/ijms25021083

Fetse, J., Kandel, S., Mamani, U.-F. y Cheng, K. (2023). *Avances recientes en el desarrollo de péptidos terapéuticos*. *44*(7), 425–441. https://doi.org/10.1016/j.tips.2023.04.003

Li, L., Gregory Joseph Duns, Wubliker Dessie, Cao, Z., Ji, X. y Luo, X. (2023). Avances recientes en estrategias terapéuticas basadas en péptidos para el tratamiento del cáncer de mama. *Fronteras en farmacología*, *14*. https://doi.org/10.3389/fphar.2023.1052301

Marcin, A. (13 de noviembre de 2023). *Péptidos para bajar de peso: todo lo que necesitas saber*. Línea de salud; Medios de línea de salud. https://www.healthline.com/health/weight-loss/using-peptides-for-weight

Martini, S. y Davide Tagliazucchi. (2023). *Péptidos bioactivos en la salud y las enfermedades humanas*. *24*(6), 5837–5837. https://doi.org/10.3390/ijms24065837

Naeem, M., Muhammad Inamullah Malik, Umar, T., Ashraf, S. y Ahmad, A. (2022). Una revisión completa sobre los péptidos bioactivos: fuentes para una perspectiva futura. *Revista internacional de investigación y terapéutica de péptidos*, *28*(6). https://doi.org/10.1007/s10989-022-10465-3

Ngoc, LTN, Moon, J.-Y. y Lee, Y.-C. (2023). Información sobre péptidos bioactivos en cosmética. *Productos cosméticos*, *10*(4), 111. https://doi.org/10.3390/cosmetics10040111

Nhàn, T., Yamada, T. y Yamada, KH (2023). Agentes basados en péptidos para el tratamiento del cáncer: aplicaciones actuales y direcciones futuras. *Revista Internacional de Ciencias Moleculares*, *24*(16), 12931–12931. https://doi.org/10.3390/ijms241612931

Othman Al Musaimi. (2024). Terapéutica peptídica: revelando el potencial contra el cáncer: un viaje a través de 1989. *Cánceres*, *16*(5), 1032–1032. https://doi.org/10.3390/cancers16051032

Pereira, AJ, Luana, Xing, H. y Conda-Sheridan, M. (2024). Terapéutica basada en péptidos: desafíos y soluciones. *Investigación en química medicinal*. https://doi.org/10.1007/s00044-024-03269-1

Petre MS, RD (NL), A. (3 de diciembre de 2020). *Péptidos para el culturismo: ¿funcionan y son seguros?* Línea de salud. https://www.healthline.com/nutrition/peptides-for-bodybuilding

Purohit, K., Reddy, N. y Anwar Sunna. (2024). Explorando el potencial de los péptidos bioactivos: de las fuentes naturales a la terapéutica. *Revista Internacional de Ciencias Moleculares*, *25*(3), 1391-1391. https://doi.org/10.3390/ijms25031391

Richard, O.-A. (2019). *Péptidos bioactivos*. Libros de Google. https://books.google.com.ng/books?id=JJ_MBQAAQBAJ&lpg=PP1&ots=DzI9Z5uKH5&dq=Bioactive%20peptides%20and%20health.%20(n.d.).%20Frontiers%20in%20Nutrition&lr&pg=PR6#v=onepage&q&f=false

Rivero-Pino, F. (2023). Péptidos bioactivos derivados de alimentos para la nutrición funcional: efecto de la fortificación, el procesamiento y el almacenamiento sobre la estabilidad y la bioactividad de los péptidos dentro de las matrices alimentarias. *Química de los alimentos*, *406*, 135046. https://doi.org/10.1016/j.foodchem.2022.135046

Rossino, G., Marchese, E., Galli, G., Verde, F., Fizio, M., Serra, M., Linciano, P. y Collina, S. (2023). Péptidos como agentes terapéuticos: desafíos y oportunidades en la era de la transición verde. *Moléculas*, *28*(20), 7165. https://doi.org/10.3390/molecules28207165

Sreenivas, S. (25 de marzo de 2021). *¿Qué son los péptidos?* WebMD. https://www.webmd.com/a-to-z-guides/what-are-peptides

Wang, L., Wang, N., Zhang, W., Cheng, X., Yan, Z., Shao, G., Wang, X., Wang, R. y Fu, C. (2022). Péptidos terapéuticos: aplicaciones actuales y direcciones futuras. *Transducción de señales y terapia dirigida*, *7*(1), 48. https://doi.org/10.1038/s41392-022-00904-4

www.ingramcontent.com/pod-product-compliance
Lightning Source LLC
Chambersburg PA
CBHW082251220526
45469CB00009B/2965